Honorarordnung für Architekten und Ingenieure (HOAI)

Nr. 11

Leistungen Building Information Modeling – Die BIM-Methode im Planungsprozess der HOAI

Stand: Januar 2019

erarbeitet von dem AHO-Arbeitskreis „Building Information Modeling (BIM)“

Ausschuss der Verbände und Kammern der Ingenieure und Architekten für die Honorarordnung e.V.

Reguvis

Bundesanzeiger Verlag

Bibliografische Information Der Deutschen Bibliothek
Die Deutsche Bibliothek verzeichnet diese Publikation in der Deutschen Nationalbibliografie; detaillierte bibliografische Daten sind im Internet über: http://dnb.ddb.de abrufbar.

Herausgeber: AHO e.V.
Tauentzienstraße 18
10789 Berlin
Telefon: (030) 31 01 917-0
Telefax: (030) 31 01 917-11
E-Mail: aho@aho.de

Redaktionelle Bearbeitung: AHO-Arbeitskreis
„Building Information Modeling (BIM)"

Dieses Heft erscheint im Rahmen der AHO-Schriftenreihe als unverbindliche Honorierungsempfehlung und Praxishilfe. Bei der Zusammenstellung des Inhalts wurde mit größter Sorgfalt vorgegangen. Haftungsansprüche gegen den Herausgeber, die Autoren oder den Verlag sind jedoch ausgeschlossen.

ISBN 978-3-8462-1002-4
1. Auflage Januar 2019

Printed in Germany

Mitglieder des AHO-Arbeitskreises „Building Information Modeling (BIM)“

Prof. Dipl.-Ing. Hans-Georg Oltmanns (Leiter des Arbeitskreises)	Oltmanns & Partner GmbH Ingenieurbüro für Tragwerksplanung, Oldenburg
Dipl.-Ing. Andreas Baum	baum-kappler architekten gmbh, Nürnberg
Dipl.-Ing. Mirjam Borowietz	ZWP Ingenieur-AG, Köln
Dipl.-Ing. Architekt BDA Georg Brechensbauer	BRECHENSBAUER WEINHART + PARTNER ARCHITEKTEN mbB, München
Dipl.-Ing. Frank Dahl	Öffentlich bestellter und vereidigter Sachverständiger, Berlin
RA Ronny Herholz	AHO-Geschäftsführer, Berlin
Dipl.-Ing. Manuela Hillebrand	HTW Hetzel, Tor-Westen + Partner Ingenieurgesellschaft mbH & Co. KG, Düsseldorf
Dr. Ulrich Jäppelt	WTM Engineers GMBH, Hamburg
Dipl.-Ing. Peter Mayer	Beratender Ingenieur, Schwabmünchen
Dipl.-Ing. Matthias Reif	Bundesamt für Bauwesen und Raumordnung, Berlin

Allgemeines Vorwort zur AHO-Schriftenreihe

Eine für Auftraggeber und Auftragnehmer transparente und nachvollziehbare Honorarermittlung gibt Orientierung im Vergabeprozess, unterstützt die vertragliche Vereinbarung im Einzelfall und hilft damit nicht zuletzt, zeitaufwendige und kostenträchtige Streitfälle zu verhindern. Honorare sollten daher systematisiert, nachvollziehbar und möglichst einheitlich ermittelt werden.

Die Honorarordnung für Architekten und Ingenieure (HOAI) ermöglicht eine angemessene Honorarfindung und gibt gleichzeitig dem Auftraggeber die notwendige Kostensicherheit. Aber auch für frei zu vereinbarende Besondere Leistungen sowie Planungsleistungen, die nicht verbindlich in der HOAI geregelt sind, besteht ein großes praktisches Bedürfnis an Richtwerten und Empfehlungen zur systematischen Honorarermittlung. Der AHO hat es sich mit seinen mehr als 24 Fachkommissionen und Arbeitskreisen zur Aufgabe gemacht, diese Lücke zu füllen. Seit 1987 werden die Beratungsergebnisse der mit Ingenieuren, Architekten und Stadtplanern interdisziplinär besetzten Arbeitsgremien in der „Grünen Schriftenreihe" veröffentlicht und erfreuen sich zunehmender Nachfrage, nicht zuletzt, weil die Spezialisierung der Planung angesichts zunehmender Komplexität stetig steigt.

Im Gegensatz zu den Grundleistungen gemäß § 3 Abs. 2 HOAI, die in den einzelnen Leistungsbildern als Vergütungstatbestände abschließend und verbindlich geregelt sind, werden Besondere Leistungen in den Anlagen der HOAI zwar beispielhaft und unverbindlich aufgeführt, jedoch nicht näher definiert. § 3 Abs. 3 HOAI enthält lediglich den Hinweis, dass die Aufzählung der Besonderen Leistungen in der HOAI nicht abschließend ist. Dementsprechend beinhaltet die AHO-Schriftenreihe zum Beispiel Leistungsbilder und Honorierungsempfehlungen für Leistungen des Brandschutzes, der Verkehrsplanung oder der Ingenieurvermessung.

Die Honorare für Besondere Leistungen können formlos vereinbart werden. Seit 2009 bedarf es keiner schriftlichen Vereinbarung mehr als Anspruchsvoraussetzung für ein zusätzliches Honorar. Besondere Leistungen können auch in anderen als den angeführten Leistungsbildern oder Leistungsphasen vereinbart werden, soweit sie dort keine Grundleistungen darstellen. In der AHO-Schriftenreihe werden Besondere Leistungen als Anwendungshilfe für Auftragnehmer und Auftraggeber in dem jeweiligen Einzelfall praxisnah beschrieben und regelmäßig aktualisiert. Diesen Leistungen werden jeweils, soweit dies möglich ist, unverbindliche Honorierungsempfehlungen gegenübergestellt.

Bei den in der HOAI genannten Grund- und Besonderen Leistungen handelt es sich um preisrechtliche Bestimmungen zur Honorarermittlung und damit um Vergütungstatbestände. Der werkvertraglich geschuldete Erfolg und die damit tatsächlich zu erbringenden Planungsleistungen bestimmen sich allein nach der vertraglichen Vereinbarung der Parteien.

Diesem Grundprinzip folgt die AHO-Schriftenreihe. Die in den Grünen Heften entsprechend der HOAI-Terminologie genannten Grund- und Besonderen Leistungen sind durchgängig als empfehlende Vergütungstatbestände zu verstehen. Auch in diesem Fall bestimmen sich die geschuldeten Planungsleistungen ausschließlich nach den Vereinbarungen im jeweiligen Architekten- oder Ingenieurvertrag.

Vorwort

Die mit dem Akronym „BIM" (Building Information Modeling) gekennzeichnete Methode der EDV-basierten Planung, Ausführung und des Betriebs von Bauwerken wird nunmehr auch in Deutschland eingeführt. Mit der Herausgabe eines Stufenplans durch das BMVI zum schrittweisen Übergang zu dieser neuen Methode ist mit großer Wahrscheinlichkeit der Prozess endgültig eingeleitet.

Bei der gemeinsamen Veranstaltung von BMWi und BMUB „Digitalisierung im Hochbau. Effizienzpotenziale für Planungs- und Bauprozesse nutzen" am 24.5.2017 in Berlin hat Staatssekretär Gunther Adler vom BMUB grundlegende Ansätze im Umgang mit der Methode BIM formuliert, wie folgend sinngemäß dargestellt.

Folgende Ziele müssen erreicht werden:

- Unter Erhaltung der in Deutschland bewährten und erfolgreichen Strukturen, die für die Qualität und den Erfolg unserer Baukultur verantwortlich sind, die Chancen digitaler Arbeitsmethoden und neuer Technologien für alle nutzbar zu machen.
- Einen Weg der Digitalisierung des Bauens zu finden, bei dem alle Projektbeteiligten und insbesondere die für Deutschland typische große Anzahl kleiner und mittlerer Unternehmen und Planungsbüros mitgenommen werden.
- Die Methode unter Beachtung der in Deutschland geltenden rechtlichen und organisatorischen Rahmenbedingungen schrittweise und praxisorientiert einzuführen und die Trennung von Planung und Ausführung und die losweise Vergabe beizubehalten.
- Entwicklung produktneutraler Lösungen für Datenschnittstellen, um die Methode BIM zu einer für alle Baubeteiligten „offenem BIM" zu machen und die Weiterentwicklung nicht einzuengen.

Der Koalitionsvertrag von CDU/CSU und SPD vom 7.2.2018 beschreibt die politische Zielsetzung wie folgt:

„Wir wollen die Digitalisierung des Planens und Bauens in der gesamten Wertschöpfungskette Bau vorantreiben und dabei die Interessen des Mittelstands und kleinerer Planungsbüros berücksichtigen. Dazu gehört die Weiterentwicklung des Building Information Modeling (BIM) für alle Planungs- und Baudisziplinen. Bei Baumaßnahmen des Bundes wollen wir BIM verstärkt zum Einsatz bringen."

Viele einzelne Komponenten der BIM-Methode sind nicht neu. Seit Jahren sind bei öffentlichen Baumaßnahmen im Rahmen der Gebäudebestandsdokumentation als Grundlage für den Gebäudebetrieb strukturierte digitale Daten mit Fertigstellung des Bauwerks zu übergeben. Dazu gehören Dokumentationsvorgaben für alphanumerische und geometrische Daten, der herstellerneutrale Datenaustausch, der Einsatz von Kommunikationsplattformen in Bauprojekten und die Pflege von digitalen Daten über den Lebenszyklus von Gebäuden.

Neu ist der ganzheitliche methodische und interdisziplinäre Ansatz, die stärkere Vernetzung der Beteiligten und der Modelldaten im Planungs-, Ausführungs- und Betriebsprozess auf der Grundlage BIM-fähiger Software. Bis zum Jahr 2020 soll für alle Bauvorhaben des BMVI die „BIM-Methode" vorgeschrieben werden. Bis zu diesem Zeitpunkt sind alle gewohnten Regelwerke auf ihre Eignung für das digitale Planen, Bauen und Betreiben zu überprüfen und ggf. Ergänzungen bzw. Klarstellungen vorzuschlagen.

Nach Auswertung von BIM-Pilotprojekten und den dabei gemachten Erfahrungen ist vorgesehen, BIM weiter zu entwickeln und die Ziele für die nächsten Stufen zu definieren.

Dieses Heft der AHO-Schriftenreihe zu BIM soll herausarbeiten, ob die Leistungsbilder der HOAI auch bei Anwendung der „BIM-Methode" den Planungs- und Umsetzungsprozess wiedergeben.

Die über die Grundleistungen der Leistungsbilder der HOAI hinausgehenden Möglichkeiten von „Building Information Modeling" sind zusätzliche Leistungen und „Besondere Leistungen" im Sinne der HOAI. Diese sind vor der Ausführung vertraglich zu vereinbaren und zu bewerten. Nur dann können sie gegenüber dem Auftraggeber geltend gemacht und abgerechnet werden.

In der Planungsphase werden mehr Informationen und mehr Daten erzeugt und miteinander verknüpft. Hierbei wird in Summe ein erhöhter Aufwand betrieben. In den nachfolgenden Leistungsphasen (Ausschreibung und Vergabe), aber auch bei den Leistungen der Unternehmer (Werkstattplanung und Bauausführung), können Erleichterungen entstehen. Ergänzend können durch die Anwendung der BIM-Methode (besserer Abgleich der Bestandteile der Planung und Nachvollziehbarkeit der Planungsergebnisse) Planungs- und Baukonflikte, Verzögerungen und Rechtsstreitigkeiten reduziert werden.

Für die vorteilhafte Anwendung der BIM-Methode ist die zusammenhängende Beauftragung der Leistungsbilder eine wesentliche Voraussetzung. Bei wechselnden Leistungserbringern erhöht sich der Aufwand. Die erforderliche Verschiebung des Aufwandes zwischen den Leistungsphasen ist bei der Vergütung zu bewerten sowie der erhöhte Einarbeitungsaufwand.

Bei einer Novellierung der HOAI muss die neue Methode BIM bei der Bewertung der Grundleistungen berücksichtigt werden.

Für BIM existieren international die Definitionen der verschiedenen Reifegradstufen Level 0 bis Level 3 (Entwicklungsstufen der BIM-Methode). Der aktuelle Entwicklungsstand in der Branche entspricht im Allgemeinen dem Level 1, worauf sich das vorliegende Heft bezieht. Bei einem anderen Level kann es erforderlich werden, die Vergütung anzupassen.

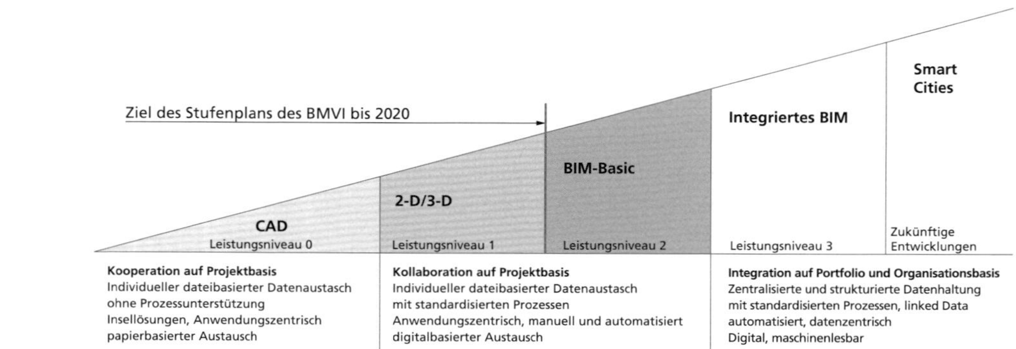

Unterlagen	2-D	2-D+3-D mit Eigenschaften	4-D+5-D Modelle	Vollintegrierte Datenmodelle
Austausch	Papier, E-Mails, Dateien	CDE Gemeinsame Datenumgebung mit Prozessunterstützung		Modellserver, Transaktionen, Software as a service

Um die internationale Entwicklung für die Beschreibung der Planungstiefe bei Modellen ausreichend zu berücksichtigen, erfolgt in diesem Heft ein Abgleich zwischen den Leistungsphasen der HOAI mit den Abstufungen von Fertigstellungsgraden entsprechend den international gebräuchlichen Bezeichnungen, z.B. LOD (Level of Development/Modellentwicklung oder Level of Detail) und dem COI bzw. LOI (Content of Information, Level of Information, Informationstiefe).

Die Fertigstellungsgrade ersetzen im Wesentlichen die bisher üblichen auch maßstabsbezogenen Beschreibungen der 2-D-orientierten Planungsdokumente und deren Inhalte.

Bei der Verwendung der englischen Abkürzungen kommt es häufig zu Verwechslungen. Deshalb wird in diesem Heft der Begriff „Modelldetaillierungsgrad (MDG)" verwendet.

Der MDG setzt sich aus einem geometrischen und einem alphanumerischen Informationsgrad zusammen und wird in Anlehnung an die Leistungsphasen der HOAI verwendet.

Durch die zeitgleiche Arbeit an den Normen (DIN, ISO, CEN), den Richtlinien (VDI) und den Positionspapieren diverser Arbeitskreise in Kammern und Verbänden zu der BIM-Methode kann es zu geringfügigen Abweichungen bei den Begriffen und den beschriebenen Prozessen kommen. Eine zeitnahe Überarbeitung und Fortschreibung der ersten Fassung dieses Heftes ist vorgesehen.

In den zurückliegenden Monaten sind diverse Schriften und Handbücher erschienen, in denen vorwiegend Prozesse, Rollen und Inhalte bei der Anwendung von BIM beschrieben werden, ohne dass ausreichend auf die gesetzlichen Grundlagen in Deutschland eingegangen wird. Die veröffentlichten Beiträge gehen oftmals von Idealprozessen aus, die möglicherweise erst in der Zukunft erreichbar sein werden.

Die Verfasser dieses Heftes haben sich vorgenommen, eine Brücke zwischen traditioneller Planung und Nutzung der neuen Planungsmethode zu schlagen.

Einige der Verfasser waren an der Entstehung von Positionspapieren und Stellungnahmen zum BIM-Thema auf Verbands-und Kammerebene beteiligt. Ähnliche Formulierungen sind daher möglich und werden nicht besonders gekennzeichnet.

Berlin, im Januar 2019

Prof. Hans-Georg Oltmanns

– Leiter des Arbeitskreises „Building Information Modeling (BIM)" –

Inhaltsverzeichnis

1. Rahmenbedingungen von BIM

1.1 Werkvertragsrecht

Die Anwendung der BIM-Methode ändert nichts an der rechtlichen Einordnung des Planungsvertrages. Es bleibt bei der Einordnung als Werkvertrag und der damit verbundenen Erfolgsverpflichtung des Planers/Auftragnehmers und der Mitwirkungspflicht des Auftraggebers. Die Prüfung der Mangelfreiheit einer Planung bemisst sich an der Einhaltung vereinbarter wirtschaftlicher oder technischer Beschaffenheit (werkvertraglich geschuldeter Erfolg).

Dies ändert sich durch die Anwendung von BIM nicht. Am Ende von Leistungsphasen der HOAI müssen die Modelldaten der jeweiligen Fachplaner die Detail- und Informationstiefe aufweisen, die nach dem HOAI-Vertrag geschuldet sind.

Weiter bleibt es bei dem Prozesscharakter des Planungsvertrages, da sich auch bei der Anwendung der BIM-Methoden der Planungsgegenstand erst im Laufe des Planungsprozesses durch Vorschlag des Planers und Entscheidung des Auftraggebers konkretisiert.

1.2 Grundsätzliche Vereinbarkeit von HOAI und BIM

Zu Beginn der Diskussion über BIM wurde teilweise die These vertreten, dass sich die Leistungsbilder der HOAI und die Anwendung der BIM-Methodik widersprechen. Mittlerweile ist diese Auffassung widerlegt, denn die HOAI regelt als verbindliches Preisrecht lediglich, welche Honorare für im Allgemeinen erforderliche Planungsleistungen (Grundleistungen) zulässig sind. Sie macht weder Vorgaben zur Vereinbarung bestimmter Leistungen im Architekten-/Ingenieurvertrag, noch gibt sie eine bestimmte Planungsmethodik vor.

Die HOAI bestimmt mithin nicht, nach welcher Methode geplant wird, ob mittels manueller Zeichnungen und Berechnungen, mit CAD und alphanumerischen Programmen wie AVA usw. oder nach der BIM-Methodik.

Bei BIM handelt es sich um eine neue Planungsmethode, deren Einführung zu Modifikationen im Planungsprozess führen kann, wie sie bei der Einführung von EDV und CAD zu beobachten waren. Auch die Anwendung von CAD und EDV hatte aber keinen Einfluss auf die zwingende Anwendung des Preisrechts für die in der HOAI verordneten Leistungen.

Das elektronische Gebäudemodell eröffnet die Möglichkeit für umfassendere Änderungs- und Variantenplanungen. Aus den aktuellen Diskussionen ist erkennbar, dass bestimmte Potenziale von BIM, bspw. frühzeitige energetische Optimierungen, detaillierte Kostenermittlungen in frühen Planungsphasen usw., nur über Besondere Leistungen oder mehrfach zu erbringende Grundleistungen (Wiederholungsleistungen) ausgeschöpft werden können. Diese Leistungen müssen zusätzlich zum Grundleistungshonorar vergütet werden.

Die Besonderen Leistungen sind beispielhaft und damit nicht abschließend in den Anlagen zur HOAI 2013 aufgeführt und können frei vereinbart werden.

BIM (3-D- und 4-D-Planung) ist im Zuge der HOAI-Novellierung 2013 erstmals als Besondere Leistung exemplarisch in Anlage 10 Objektplanung Gebäude Lph 2 aufgeführt worden. Besondere Leistungen für BIM können aber auch in anderen Leistungsbildern und Leistungsphasen vereinbart werden, sofern sie dort keine Grundleistungen darstellen.

Das bedeutet jedoch nicht, dass der BIM-Planungsprozess grundsätzlich aus dem Katalog der verbindlichen Grundleistungen ausgenommen ist. Die im Planungsprozess nach wie vor erforderlichen Grundleistungen werden auch im Fall der Anwendung der BIM-Methode notwendig sein. Es können jedoch Besondere Leistungen hinzukommen, wie bspw. die Konzeption des BIM-Datenmodells, die datentechnische Konsistenzprüfung der Fachmodelle der fachlich an der Planung Beteiligten oder die regelmäßige Übergabe von qualitätsgesicherten Teilmodellen über die im HOAI-Prozess notwendigen Lieferungen hinaus.

Eine Abgrenzung von Grundleistungen und Besonderen Leistungen ist im Einzelfall stets erforderlich. Für diese Abgrenzung bietet das vorliegende Heft eine Arbeitshilfe. Die Erstausgabe des Heftes zu BIM behandelt die Berücksichtigung der Grundleistungen der HOAI bei der Anwendung der BIM-Methode und listet exemplarisch Besondere Leistungen auf. Ferner werden Anregungen zu den Modellierungsgraden der Modelle am Ende einer jeden Leistungsphase gegeben.

Im Rahmen der Begleitforschung zum BIMID-Projekt des BMWi wurden die Grundleistungen der Leistungsphasen der HOAI für die Objektplanung Gebäude, die Tragwerksplanung, Technische Ausrüstung und die Rolle des Bauherrn in einem Gesamtprozess unter Berücksichtigung der BIM-Methode dargestellt. Die Zusammenarbeit des AK-BIM im AHO mit dem BIMID-Forschungskonsortium hat dabei keine signifikanten Probleme feststellen können, die Leistungsbilder der HOAI 2013 für einen fachübergreifenden Gesamtprozess zu verwenden.

Die Leistungsbilder der HOAI lassen sich ohne Strukturänderungen in einer bei der Industrie verwendeten Prozessmodellierung „Business Process Model and Notation (BPMN)" abbilden. Die Methode BIM ermöglicht eine bessere Koordinierung, die Darstellungsmöglichkeiten von Ergebnissen und das Berichtswesen am Ende von Leistungsphasen.

Bei den Planern bleibt die fachlich kreative Planungsarbeit angesiedelt und wird nicht durch die EDV ersetzt.

Auch in anderen Ländern kann man Elemente der Leistungsbilder der HOAI in den dort entwickelten BIM-Prozessen wiederfinden. Im „RIBA-Plan of Work 2013 (UK)", in den BIM-Normen Österreichs sowie in den Anwendungshilfen und Normen der Schweiz sind die Struktur der HOAI und ihre Leistungsbilder deutlich erkennbar.

2. Grundlagen der BIM-Methode

Zum besseren Verständnis der BIM-Methode wird nachfolgend der sich national und international entwickelnde Gesamtprozess beschrieben. BIM ist bisher nicht in allgemein gültigen Regelwerken fixiert und lässt durchaus viele Spielarten zu. Dennoch folgt die Methode einer erkennbaren Systematik. Unter Nutzung fortgeschriebener bekannter Techniken und neuer Werkzeuge setzt BIM auf die intensive Verwendung der digitalen Werkzeuge, um die Zusammenarbeit aller am Bau Beteiligten und die transparente Visualisierung der Ergebnisse zu ermöglichen.

Bei der Beschreibung der BIM-Methode in diesem Kapitel wird nicht nach Grundleistungen oder Besonderen Leistungen der HOAI unterschieden. Hier soll vielmehr aufgezeigt werden, wie der BIM-Prozess abläuft und welche neuen Rollen oder Funktionen bei Anwendung der Methode entstehen.

2.1 Definition von BIM

„Building Information Modeling (BIM) bezeichnet eine kooperative Arbeitsmethodik, mit der auf der Grundlage digitaler Modelle eines Bauwerks die für seinen Lebenszyklus relevanten Informationen und Daten konsistent erfasst, verwaltet und in einer transparenten Kommunikation zwischen den Beteiligten ausgetauscht oder für die weitere Bearbeitung übergeben werden" (Zitat Stufenplan BMVI).

Zur Umsetzung der Methode werden folgende Komponenten benötigt:

- Bauteilstrukturen Fachwissen, Regelwerke
- Information Fachwissen, Regelwerke, Datenbanken
- Modelle Softwareanwendung
- Management Softwareanwendung

Ein treffenderes Akronym wäre damit die Abkürzung: B I M M für Building Information Modeling and Management.

Ein wesentlicher Bestandteil der Methode ist die „Maschinenlesbarkeit = Digitalisierung" aller während der Planung, der Realisierung, des Betriebes und auch des Rückbaus anfallenden Dokumente.

Wie im Stufenplan beschrieben, fasst die Methode BIM die Komponenten Mensch, Standards, Prozesse und Technik zusammen, um Daten für die Planung, die Bauausführung, den Betrieb und die Beseitigung von Bauwerken zentral zur Verfügung zu halten.

2.2 Potenziale der BIM-Methode

Bereits in der HOAI 2013 geht es um die Verbesserung der Qualität bei fortlaufender Dokumentation der integrierten Planung als Grundlage der Realisierung und des Betreibens von Bauwerken.

Eine große Zahl von bisherigen Veröffentlichungen zu BIM erzeugt beim Leser den Eindruck, dass die bloße Anwendung digitaler Methoden entlang von standardisierten Idealprozessen den Hauptnutzen für die Bauherren und die Betreiber bringt, während bei den Planern auf jeden Fall ein erhöhter Aufwand entsteht, der zu vergüten wäre.

Einige Zielsetzungen der BIM-Methode liegen jedoch nur mittelbar im Interesse des Auftraggebers, da er ohnehin Anspruch auf ein mangelfreies Werk hat. Auf der anderen Seite sind auch viele Zielsetzungen von BIM unmittelbar im Interesse der Objekt- und Fachplaner. Die fachliche Führungsrolle obliegt zweifelsfrei den Planern. BIM bietet die historische Chance, diese Führungsrolle mit neuen digitalen Werkzeugen und Methoden noch besser wahrzunehmen. Die vom Auftraggeber erwartete Planungsqualität und Transparenz gilt es im Sinne der Vorgaben der HOAI 2013 und der heutigen technischen Möglichkeiten zu erfüllen.

Die Werkzeuge und Methoden sind im Zuge der Einführung von BIM so anzuwenden, dass diese sowohl den Planern und Bauausführenden als auch den Auftraggebern und den späteren Nutzern dienen.

Digitale Modelle können die relevante Kommunikation zwischen den Projektbeteiligten vereinfachen. Alle in entsprechenden Fachmodellen enthaltenen Informationen können zu einem Koordinationsmodell zusammengeführt werden. Sie sind für die Beteiligten zugänglich und auswertbar. Auftraggeber und Nutzer können die Planungsfortschritte am Modell miterleben und profitieren von der anschaulichen Aufbereitung der Daten. Die Informationen liegen in Datenbanken vor und sind je nach Rollen und Rechten im Projekt offen zugänglich. Damit werden Entscheidungen erleichtert, die Planung wird transparenter. Durch die Visualisierung der Planungen werden Kollisionen und andere Probleme leichter erkannt und können noch vor der Realisierung korrigiert werden. Eine höhere Planungs-, Termin- und Kostensicherheit kann erreicht werden. Risiken können rechtzeitig erkannt werden und in ein entsprechendes Risikomanagement einfließen.

Pläne und Daten werden aus dem Modell entwickelt und weiterführend vervollständigt bzw. detailliert. Während bisher Schnitt und Grundriss unabhängig voneinander zweidimensional jeweils einzeln entwickelt wurden, ergibt sich bei der modellbasierten Arbeit eine widerspruchsfreie Darstellung. Änderungen des Modells werden in alle daraus abgeleiteten Plandokumente übernommen, erfordern aber die Anpassung der Plandarstellung. Eine Überprüfung ist in jedem Fall notwendig.

Entsprechende digitale Werkzeuge (Modell-Checker, programminterne Werkzeuge) ermöglichen Kollisionsprüfungen diverser Fachmodelle oder des Koordinationsmodells. Die digitalen Gebäudemodelle können mit Modell-Checker-Programmen nach vordefinierten Regeln automatisch überprüft werden.

Detaillierte Mengenermittlungen aus dem Modell sind je nach Modelldetaillierungsgrad (MDG) präzise und im Detail vollständig. Für Bauleistungen können die tatsächlichen Mengen ermittelt, abgerechnet und am Modell nachvollzogen werden. Bei Beauftragung wäre diese Art der Abrechnung abweichend von den „Abrechnungsregeln" der VOB/Teil C zwischen den Parteien jedoch vorher vertraglich festzulegen. Das Vereinbaren von Realmengen setzt die Prüfung voraus, ob die durch die Übermessungsregelungen abgedeckten Aufwendungen bei der Ausschreibung berücksichtigt werden.

Aber auch der Aufwand für Aufmaßerstellung, Prüfung und Abrechnung nach VOB/Teil C kann mit der Anwendung von digitalen Modellen mit automatischen Auswertungsmethoden reduziert werden.

Die Struktur der Bauwerksdaten ist so zu organisieren, dass die Beiträge der einzelnen Fachplaner abgrenzbar bleiben. Aus Haftungsgründen muss nachvollziehbar sein, wer, wann, wem welche Angaben gemacht hat bzw. wer von wem zu welchem Zeitpunkt Angaben bekommen hat. Über das IFC-basierte „BIM-Collaboration Format (BCF)" lässt sich auch die fachübergreifende Zusammenarbeit leicht protokollieren.

2.3 Normen und Richtlinien

Verbindliche Normen und Richtlinien sind für den Anwendungsbereich der BIM-Methode noch in Arbeit. Sie werden sich an den internationalen Vorschriften orientieren. Den groben Rahmen dafür bildet die ISO 19650. Sie ist u.a. die Grundlage der VDI-BIM-Richtlinie 2552. Die ISO 19650 beschreibt als technische Regelung die wiederkehrenden Übergaben von Daten, deren Status und Archivierungspflichten. Sie orientiert sich dabei nicht an den Leistungsphasen der HOAI.

In den deutschsprachigen Nachbarländern sind ebenfalls erste BIM-Vorschriften entstanden. Sie enthalten Elemente der HOAI-Leistungsphasen und der ISO 19650.

Die österreichische ÖNORM A 6241-2 spricht von Fach- und Koordinationsmodellen und definiert Reifegrade nach Leistungsphasen.

In dem Schweizer Merkblatt prSIA 2051, BIM, Grundlagen zur Anwendung der BIM-Methode, und in der Dokumentationsrichtlinie 0256 wird ebenfalls von Fach- und Koordinationsmodellen gesprochen und Reifegrade werden definiert.

In Kapitel 4 und 5 dieses Heftes werden die Leistungsphasen und Leistungsbilder der HOAI mit dem BIM-Prozess abgeglichen.

2.4 Standards zum Informationsaustausch

Im Folgenden werden die wesentlichen Grundlagen eines softwareunabhängigen Datenaustauschs und offenen Datenstandards dargestellt:

buildingSMART (bS)

Durch buildingSMART wurden offene Standards als wesentliche Voraussetzungen für BIM entwickelt. Die offenen Standards zum Informationsaustausch werden abgedeckt durch das IFC-Datenmodell, die IDM-Datenaustauschprotokolle und das bSDD-Datenwörterbuch.

Datenmodell

Das buildingSMART-Datenmodell, auch bekannt unter der Bezeichnung „Industry Foundation Classes (IFC)", stellt ein allgemeines Datenschema dar, das einen Austausch von Daten zwischen verschiedenen proprietären Softwareanwendungen ermöglicht. Dieses Datenschema umfasst Informationen aller am Bauprojekt mitwirkenden Disziplinen über dessen gesamten Lebenszyklus. Man unterscheidet hierbei die IFC-Datei, die als Container zur Datenübergabe im STEP-Format verwendet wird, und das IFC-Datenschema, das die Spezifikationen im EXPRESS-Datenformat definiert.

Die IFC ist das primäre Datenmodell für Bauwerksmodelle des buildingSMART. IFC ist seit dem Release IFC4 ein offizieller ISO-Standard – ISO 16739:2013.

buildingSMART-Data Dictionary (bSDD, früher IFD)/Daten-Wörterbuch

Das Datenwörterbuch gehört zu den Kernkomponenten der buidlingSMART-Technologie. Das bSDD ist eine Referenzierungsdatenbank und unterstützt die Interoperabilität im Bauwesen. Die Datenbank ermöglicht eine flexible und zuverlässige Methode zu Verknüpfung von Begriffen und Ausdrücken, deren Abhängigkeiten und Definitionen (Datentyp, Einheiten, Wertebereiche usw.) über verschiedene Sprachen hinweg und dient als Erweiterung und Namensraum für das IFC-Datenmodell.

Information Delivery Manual (IDM)/Beschreibung der Datenmodell-Arbeitsprozesse

Die Anforderungen zum Datenaustausch werden allgemein in den IDM-Beschreibungen zusammengefasst. Sie beschreiben grundlegend den Umfang und die Spezifikationen der Informationen, die eine bestimmte Rolle/ein Anwender zu einem bestimmten Zeitpunkt bzw. Arbeitsprozess in einem BIM-Projekt zur Verfügung stellen muss.

Model View Definition (MVD)/Modell-Ansichtsdefinition

Die Modell-Ansichtsdefinitionen (MVDs) beschreiben die Teilmengen des IFC-Datenmodells, die notwendig sind, um die spezifischen Datenaustausch-Anforderungen im Bauwesen während der Planung und Umsetzung eines Bauvorhabens zu unterstützen.

Die Modell-Ansichtsdefinition stellt eine Anleitung für alle IFC-Ausdrücke (Klassen, Attribute, Beziehungen, Eigenschaftssätze, Mengendefinitionen usw.) zur Verfügung, die in einem bestimmten Anwendungsbereich verwendet werden und vorhanden sein müssen.

Sie beschreibt auch das Pflichtenheft für die Umsetzung der IFC-Schnittstelle in einer bestimmten Software.

Open BIM Collaboration Format (BCF)/Einfaches Datenaustauschformat

Das Open BIM Collaboration Format (BCF) ist eine Datenschnittstelle zum vereinfachten Austausch von Informationen während des Arbeitsprozesses zwischen verschiedenen Softwareprodukten basierend auf dem IFC-Datenmodell. Es ermöglicht eine modellbasierte Kommunikation zwischen verschiedenen Anwendern und informiert über Status, Ort, Blickrichtung, Bauteil, Bemerkung, Anwender und Zeitpunkt im IFC-Datenmodell.

2.5 Stufenplan des BMVI

Das BMVI hat am 15.12.2015 einen Stufenplan für die Einführung der BIM-Methode für Infrastrukturmaßnahmen herausgegeben. In ihm wurde festgelegt, dass das erste Zielniveau im Jahr 2020 erreicht werden soll. Die dem Plan zugrunde liegenden Prozesse beinhalten die damals zu erwartenden Strukturen der ISO 19650. Für die Planungs- und Realisierungsphase wurden die Leistungsphasen der HOAI unverändert übernommen. Ergänzt wurden die Phase der Projektvorbereitung und der Objekt-/Projektbetrieb. Es wurde nur die Reifegradstufe Level 1 beschrieben.

2.6 Empfehlungen zu Datenaustausch und Informationsmanagement nach ISO 19650

In der ISO 19650 wird u.a. auch auf die erforderlichen Empfehlungen zum Datenaustausch und Informationsmanagement eingegangen. Insbesondere finden sich hier die Kategorien für Statusbeschreibungen von Informationen:

- unter Bearbeitung
- Bewertung, Autorisierung
- geteilt (Verteilung)
- Überprüfung, Bewertung, Genehmigung
- freigegeben
- archiviert

2.7 VDI-Richtlinien

Nahezu zeitgleich mit der ISO und diesem Heft werden beim VDI Richtlinien zur Methode BIM erarbeitet.

1. VDI 2552 Blatt 1 BIM – Rahmenrichtlinie
2. VDI 2552 Blatt 2 BIM – Begriffe und Definitionen
3. VDI 2552 Blatt 3 BIM – Mengen/Controlling
4. VDI 2552 Blatt 4 BIM – Datenaustausch
5. VDI 2552 Blatt 5 BIM – Datenmanagement
6. VDI 2552 Blatt 6 BIM – Facility Management
7. VDI 2552 Blatt 7 BIM – Prozesse
8. VDI 2552 Blatt 8 BIM – Qualifizierung
9. VDI 2552 Blatt 9 BIM – Bauteilbeschreibungen
10. VDI 2552 Blatt 10 BIM – AIA und BAP
11. VDI 2552 Blatt 11 BIM – Anforderungen an den BIM-Informationsaustausch

Hinweis: Anstatt der Abgrenzung von Planungsabschnitten nach den Leistungsphasen der HOAI wird derzeit bei der Beschreibung von Reifegraden der Modelle in den VDI-Richtlinien der Bezug zu den international gebräuchlichen LOD usw. angewandt.

2.8 BIM-Implementierung

Unter BIM-Implementierung versteht man die Einführung der BIM-Methodik in einem Unternehmen oder einem Projekt auf Basis eines ganzheitlichen Einführungskonzepts (BIM-Implementierungsplan).

Dazu gehören die Evaluation und Ausrichtung der organisatorischen und technischen Rahmenbedingungen für BIM im jeweiligen Unternehmen bzw. Projekt, bezogen auf die jeweiligen BIM-Ziele und Stufen der Umsetzung, differenziert nach Aufgaben als Auftraggeber/Bauherr oder Auftragnehmer/Planer.

Zum organisatorischen Rahmen gehören die Mitarbeiterqualifikation zur Umsetzung von AIA und BAP (BIM-Verständnis, Kenntnisse von Prozessen, Rollen, Normen, Richtlinien), die Anwenderschulung zu eingesetzten Softwaresystemen (Modellieren und Attribuieren), die Festlegung von Rollen und Verantwortungen (u.a. BIM-Autoren, Fachkoordinatoren zur Qualitätssicherung), Ressourcen und Terminzielen zur Umsetzung.

Zum technischen Rahmen gehört die Ertüchtigung der Software- und Hardwareausstattung (BIM-fähige CAD-Systeme, Modell-Checker/-Viewer, ggf. Projektplattform).

3. Prozessbeschreibung

Die VDI-Richtlinien gehen von vier Phasen eines Bauprojekts aus:

1. Projektvorbereitung
2. Projektplanung (Leistungsbilder der HOAI)
3. Projektrealisierung (Leistungsbilder der HOAI)
4. Projektbetrieb

Die Projektvorbereitung liegt zeitlich und inhaltlich vor den Leistungsphasen der HOAI. Die Leistungen sind von Bauherrenseite zu erbringen bzw. gesondert zu beauftragen.

Die Projektplanung und die Projektrealisierung werden in den Leistungsbildern der HOAI abgebildet.

Leistungen für den Projektbetrieb werden nach Abnahme/Übergabe des Projekts erforderlich und sind gesondert zu beauftragen.

(Bitte umblättern)

Projektphasen mit AIA und BAP Teil 1

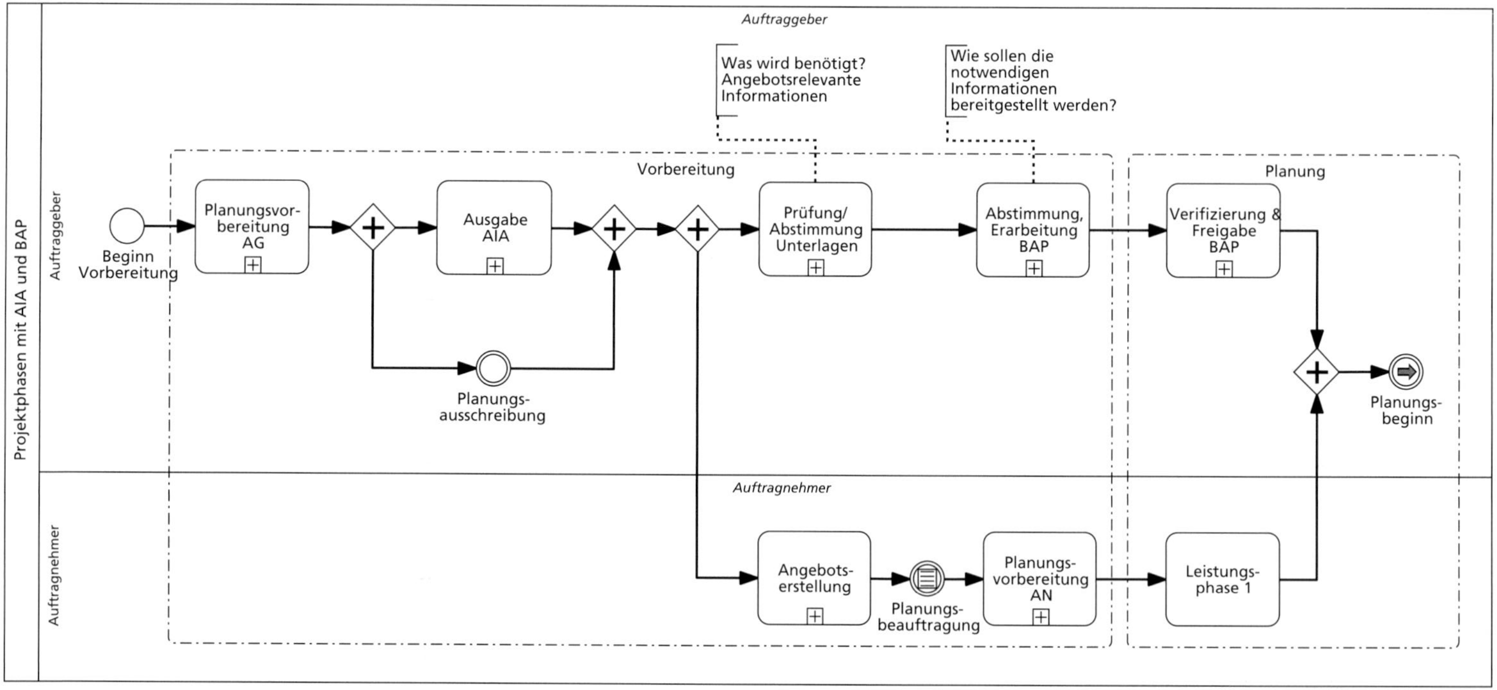

Projektphasen mit AIA und BAP Teil 2

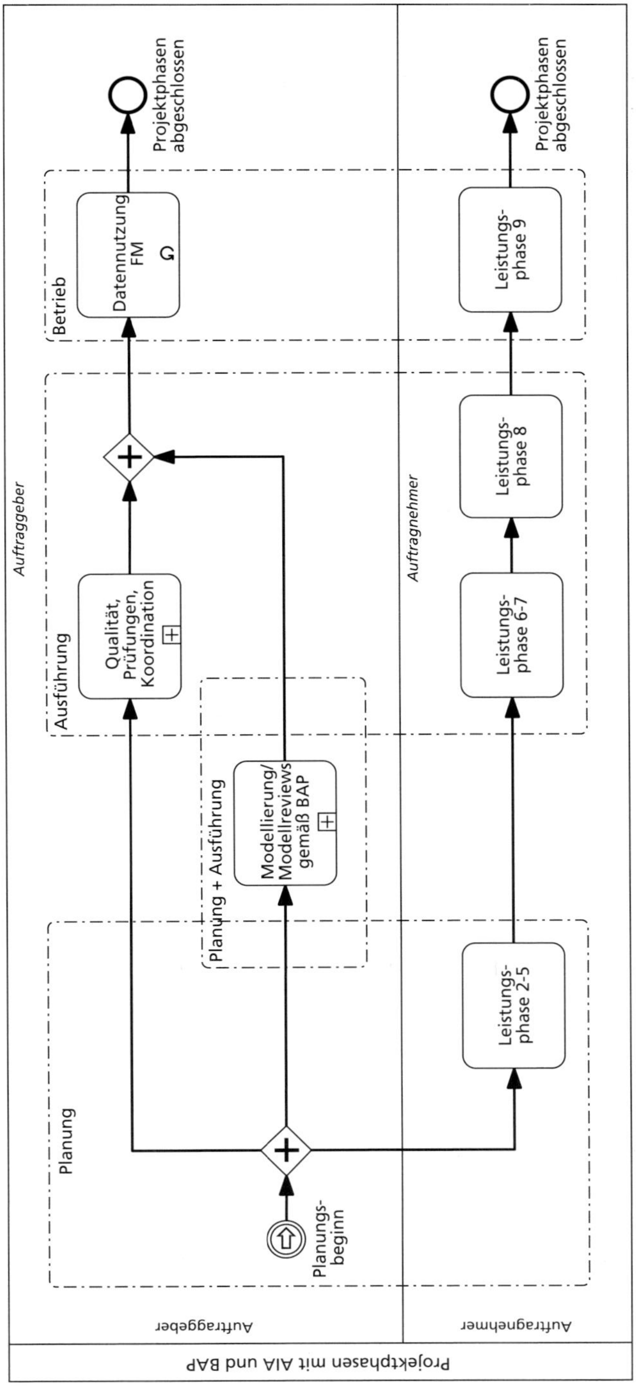

3.1 Projektvorbereitung

Die Projektvorbereitung umfasst im Wesentlichen die Phase vor dem Beginn der Leistungsphase 1 der HOAI. Von Bauherrenseite müssen Anforderungen und Bedarfe geklärt und festgelegt werden. Diese Bedarfsplanung bildet die Basis für die Erstellung der Informationsanforderungen an den BIM-Prozess durch den Bauherrn.

3.1.1 AIA (Auftraggeber-Informationsanforderungen)

Mit den Auftraggeber-Informationsanforderungen (AIA) legt der Auftraggeber fest, welche Prozesse der Auftragnehmer zu berücksichtigen und welche Daten und Informationen er wann zu liefern hat.

Mit den AIA gibt der Auftraggeber die konkrete Beschreibung seiner unternehmens- und projektspezifischen Anforderungen bekannt. In den AIA sind die Projektziele und Rahmenbedingungen zu definieren.

Die AIA beschreiben nicht, wie diese Informationen zu generieren sind.

Es sind insbesondere folgende Vorgaben zu machen:

- Warum wird welche Information wann benötigt?
- Wer stellt diese Information wie und wo bereit?

Die AIA müssen alle für die Honorarermittlung relevanten Informationen/Grundlagen enthalten. Technische Spezifikationen für die Erfüllung der Aufgabenstellung sind in den AIA nur so weit zu treffen, wie sie zur Erfüllung der Aufgabe zwingend erforderlich sind.

In Koordinationsmodellen müssen Prüfungen mit digitalen Methoden möglich sein. Die Prüfmethoden und -regeln sind in den AIA festzulegen. Der Planer muss dabei selbstständig und eigenverantwortlich vorgehen können.

Die AIA sind die vom Auftraggeber festzulegenden Forderungen an die Leistungen des Planers (Auftragnehmers) innerhalb eines Projekts.

Mit den AIA beschreibt der Auftraggeber den gewünschten Erfolg, den er mit der BIM-Projektabwicklung erzielen will. Die AIA müssen für die einzelnen Projektphasen sowie für den damit verbundenen Informationsaustausch konkret, messbar, realistisch und terminbezogen definiert werden. Dies können BIM-Anforderungen, BIM-Anwendungen und Anforderungen zur digitalen Projektabwicklung sein. Die Detaillierung der beschriebenen Leistungen kann von Auftraggeber zu Auftraggeber und von Projekt zu Projekt unterschiedlich sein.

Als Mindestanforderungen an die AIA müssen folgende Punkte enthalten sein:

- Beschreibung der BIM-Ziele
- Beschreibung der Anforderungen an den Bieter bzgl. Kapazitäten und Kompetenzen des Projektteams (Wissen oder Fähigkeiten)
- BIM-Anforderungen des Betreibers
- Definition der Aufgaben und Verantwortlichkeiten

- Gegebenenfalls können zusätzlich folgende Informationen durch den Auftraggeber geliefert werden:
  - Beschreibung der BIM-Anwendungen bzw. der BIM-Anwendungsfälle
  - Anforderungen an das 3-D-Modell
  - Modellmanagement (Anforderungen an den Modellierungsprozess)
  - Modellstruktur
  - Geforderte Modellqualität
  - Auflistung der zu verwendenden Software mit Versionsnummer bzw. Nennung des zu übergebenden Dateiformats
  - Anforderungen an die Datenübergabe

Weitere Hinweise werden in den VDI-Richtlinien 2552 enthalten sein.

3.1.2 BAP (BIM-Abwicklungsplan)

Ein von den Anbietern erstellter Entwurf des BAP beschreibt die grundsätzliche Herangehensweise des Anbieters und kann als Grundlage für die Evaluierung des Bieters hinsichtlich seiner Eignung zur Umsetzung der digitalen Projektabwicklung dienen.

Dieser vorvertragliche BAP oder ein vom Auftraggeber vorbereiteter BAP wird nach der Beauftragung im Zuge der Leistungsphase 1 der HOAI mit allen zu dem Zeitpunkt am Projekt Beteiligten abgestimmt und an die konkreten Projektgegebenheiten angepasst.

Er wird ein zentraler Bestandteil des Projektmanagements und des projektspezifischen Handbuchs.

Die Zusammenarbeit aller Beteiligten im Projekt wird detailliert festgelegt:

- Wer stellt die gemäß AIA geforderten Informationen wann, wie und wo bereit?
- BIM-Implementierungsplan
- Ziele für die Modellerstellung und Zusammenarbeit
- Wesentliche Projektmeilensteine in Abstimmung mit den BIM-Zielen/Ablaufplanung

Weitere konkrete Hinweise werden in den VDI-Richtlinien 2552 enthalten sein.

3.2 Projektplanung

Die Projektplanung erfolgt gemäß den in der HOAI vorgesehenen Leistungsphasen. Zum Abschluss einer Leistungsphase sind ggf. Modelle, Daten und Dokumente gemäß den AIA und BAP zusammenzustellen. Der Reifegrad der Daten muss dem Detaillierungsgrad der Planung in den jeweiligen Leistungsphasen entsprechen. Die Honorierung darüber hinausgehender Leistungen muss vor der Bearbeitung vertraglich vereinbart werden.

Plandokumente und Informationen werden aus den Datenmodellen generiert und ergänzend fortgeschrieben.

3.2.1 Modellierung

Eine wesentliche Änderung bei der Projektplanung mit der BIM-Methode ist das Modellieren von Bauteilen, die zu einem Bauwerk zusammengesetzt werden. Man entwirft das zu planende Bauwerk als digitales Modell. Grundrisse, Schnitte und Ansichten werden daraus abgeleitet.

Der Modellierungsgrad der Modelle folgt grundsätzlich den Planungschritten der HOAI. Informationen werden als Attribute mit den Bauteilen verknüpft und im Zuge der Bearbeitung ergänzt. Die Abgrenzung von Bauteilen erfolgt nach den Regeln der Planung, Umsetzung und Normung, z.B.:

- Eine tragende Wand beginnt auf dem Fundament und hört unter der belastenden Decke auf.
- Die darüberstehende Wand setzt auf der Decke auf.

Die so modellierten Bauteile bekommen eine unverwechselbare Kennung (Codierung). Die Codes werden für weitere Nutzungen in anderen Programmen beibehalten. Damit ist ein Bauteil in seiner Geometrie und Lage eindeutig beschrieben.

Über die Leistungsphasen werden die definierten Bauteile weiter präzisiert und die Attribute werden ergänzt bzw. aktualisiert.

Der traditionelle Wechsel von Maßstäben am Beginn einer neuen Leistungsphase entfällt. Das Modellieren erfolgt im 1:1-Modell, die Planableitung bedient sich der Unterscheidungsmöglichkeit in Maßstäben. Alle weiterhin erforderlichen 2-D-Pläne (mit Planlayout, Plankopf, Bemaßung usw.) sind aus dem Modell abzuleiten.

Diese Art der Planung erfordert ein konsequentes Arbeiten in 3-D. Eine ergänzende 2-D-Detaillierung ist möglich.

3.2.2 Modellstatus

Bei der digitalen Modellierung von Bauwerken entsteht kontinuierlich ein neuer Planungsstand. In der ISO 19650 wird u.a. das Management dieser fortlaufend reifenden Modelle geregelt.

CDE-Datenzuordnung

Sinngemäße Wiedergabe aus der ISO 19650 (Stand April 2017):

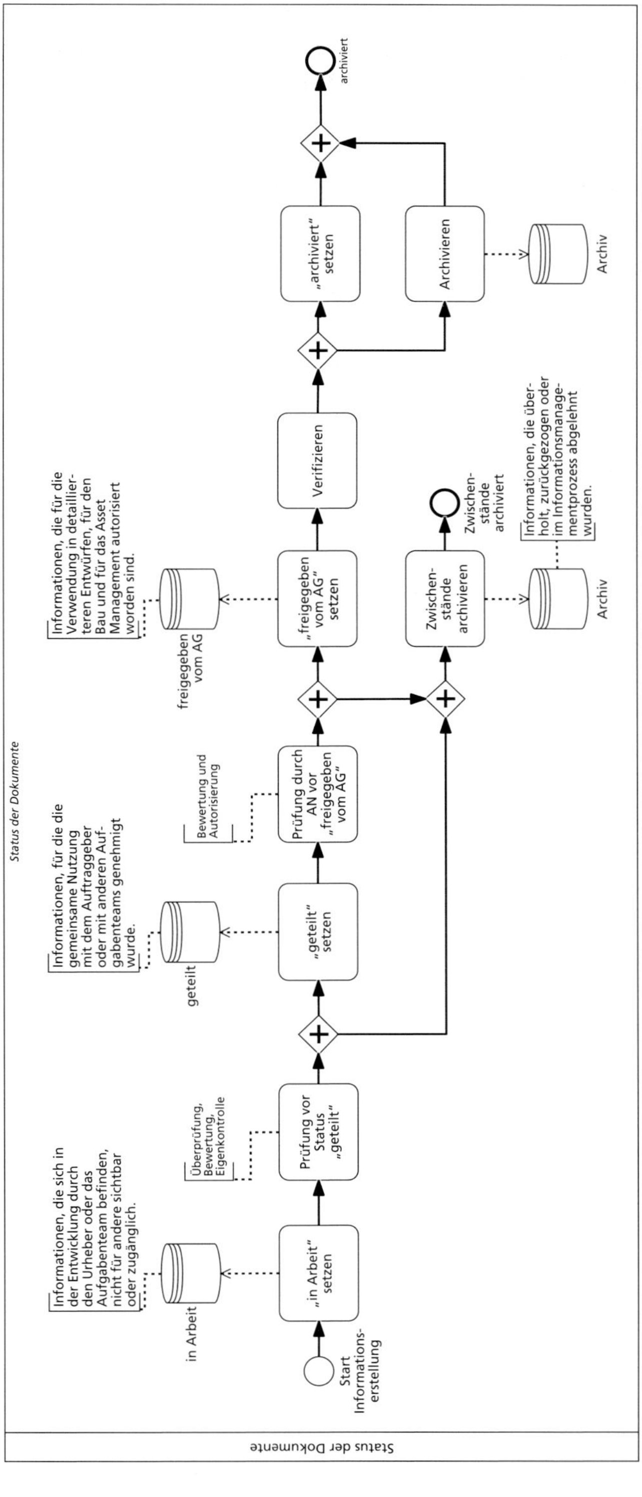

Status: unter Bearbeitung

Mit diesem Status versehene Informationen sind nur für den Urheber bzw. das Aufgabenteam zu sehen und werden bearbeitet. Vor einer Weitergabe wird der Bearbeitungsstand mit dem Plan zur Informationslieferung (AIA) und den vereinbarten Standards abgeglichen (BAP).

Status: geteilt

Der Status „geteilt" wird für Informationen verwendet, deren gemeinsame Nutzung mit dem Auftraggeber oder mit anderen Auftragnehmern bzw. Aufgabenteams genehmigt wurde. Ein Datencontainer, der diesen Status hat, ist für diese Personen sichtbar und zugänglich, aber nicht bearbeitbar. Container im Status „geteilt" werden von allen entsprechenden Auftragnehmern zur Überprüfung der Koordination, Vollständigkeit und Genauigkeit von eigenen Informationen herangezogen. Falls eine Bearbeitung erforderlich ist, wird der Container wieder in den Status „unter Bearbeitung" gesetzt.

Alle Container werden in einem Informationsaustausch bezüglich Koordination, Vollständigkeit und Genauigkeit mit den Informationsanforderungen abgeglichen, und ihr Status wird auf „freigegeben" geändert.

Status: freigegeben

Der Status „freigegeben" wird für Informationen verwendet, deren Nutzung für weitere Planungsstufen (Leistungsphasen) für den Bau oder für den Betrieb eines Objekts freigegeben wurde.

Status: archiviert

Der Status „archiviert" wird zur Speicherung aller geteilten und freigegebenen Zwischenstände und des Endstands des Informationsmanagementprozesses verwendet.

Das zuvor beschriebene Informationsmanagement der Container ist zwingend einzuhalten. Damit können Rückfragen vermieden und die Wirtschaftlichkeit der Planung, wie in den Leistungsbildern der HOAI vorgesehen, sichergestellt werden. Es klärt auch, zu welchem Zeitpunkt die beteiligten Planer die zu verwendenden Informationen mit ihren eigenen Ergebnissen abgleichen müssen.

3.2.3 Referenzmodell

Abstimmung Modelle

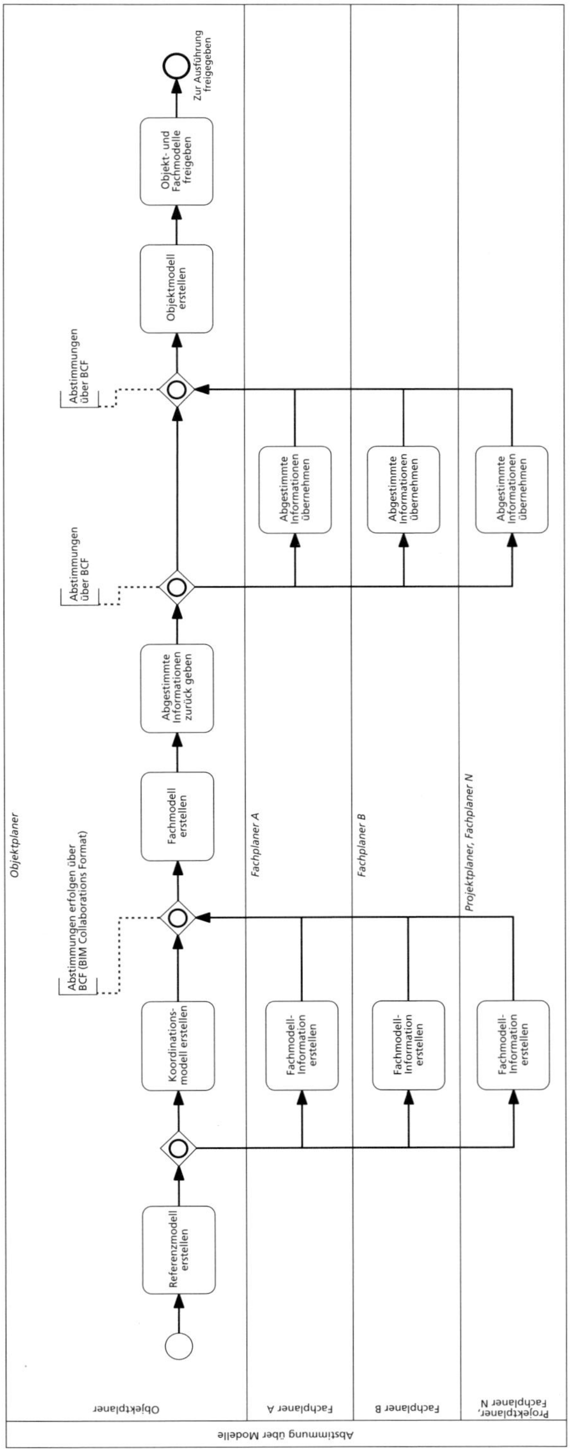

Die koordinierte Zusammenarbeit beruht in der Regel auf einem Referenzmodell. Es wird meist vom Objektplaner erstellt und mit einem offenen Datenformat (IFC) an die Fachplaner weitergegeben.

Die Bearbeiter der Fachmodelle nehmen selbst keine Änderungen am Referenzmodell vor, bringen aber Korrekturen und Änderungsanforderungen in den Koordinationsprozess ein (siehe BCF).

Durch die Verwendung des Referenzmodells als geometrische Vorlage sind die in den Fachmodellen entwickelten Bauteile eindeutig im Planungsraum verortet und liefern die Grundlage zur Arbeit mit dem BCF-Verfahren.

3.2.4 Fachmodelle

Die Fachplaner erarbeiten auf der Grundlage des geometrischen und schon teilweise attribuierten Referenzmodells ihr Fachmodell. Die Abstimmung und Koordination erfolgt wie in Abschnitt 3.2.2 Modellstatus beschrieben. Die Kommunikation zwischen Objekt- und Fachplanern sowie den Fachplanern untereinander wird durch den Einsatz von BCF erleichtert und kann jeweils zeitnah erfolgen.

Für die Fachmodelle ist der erstellende Objekt- oder Fachplaner verantwortlich. Änderungen oder Anpassungen von Bauteilen sind mit den anderen Planern abzustimmen und in die Geometrie des Referenzmodells einzupassen.

Die Geometrie der Fachmodelle ist in dem abgestimmten Datenformat (z.B. IFC) an den Halter des Koordinationsmodells zu übergeben. Hieran werden übergeordnete Kollisions- und Plausibiltätsprüfungen vorgenommen.

3.2.5 Berechnungsmodell/Schemata

Berechnungsmodelle und Schemata der Tragwerksplanung, Technischen Ausrüstung usw. können geometrische Vereinfachungen beinhalten. Änderungen sind hier nur zu übernehmen, wenn sie die Berechnungsergebnisse wesentlich beeinflussen. Die Beurteilung darüber obliegt dem zuständigen Fachplaner.

3.2.6 Koordinationsmodell

Dem Koordinationsmodell kommt eine wesentliche Aufgabe zu. Es ermöglicht durch das Zusammenfügen aller geometrisch exakten Fachmodelle automatisierbare Kollisionsprüfungen während der Planung des Bauwerks.

Festgestellte Probleme sind auszuräumen. Ein Abgleich mit dem BAP ist vorzunehmen.

3.2.7 BIM-Collaboration-Format (BCF)

Das Open BIM-Collaboration-Format ist eine Datenschnittstelle zum vereinfachten Austausch von Informationen während des Planungsprozesses zwischen verschiedenen Softwareprodukten basierend auf dem IFC-Format. Es ermöglicht eine modellbasierte Kommunikation zwischen verschiedenen Anwendern und informiert über Status, Ort, Blickrichtung, Bauteil, Bemerkungen/Kommentare, Anwendername, Zeitpunkt im IFC Datenmodell.

Arbeitsweise:

- Koordinationssitzung mit mehreren Planungsbeteiligten unterschiedlicher Disziplinen.
- Es werden Änderungen/Anpassungen anhand des 3-D-Modells besprochen.
- Es ist während der Sitzung als IFC-Datei in einem Koordinationsprogramm geöffnet.
- Arbeitsanweisungen für die einzelnen Projektbeteiligten werden direkt im Koordinationsprogramm in kleinen Arbeitsanweisungen festgehalten (z.B. Stütze verschieben, Schacht vergrößern usw.) und anschließend als BCF-Dateien exportiert.

Es handelt sich dabei um kleine Datenmengen, die auch problemlos per E-Mail versendet werden können. So kann im Anschluss an die Sitzung jeder in seinem Modell die relevanten Anpassungen vornehmen.

Aus rechtlichen Gründen darf z.B. der Fachplaner nicht direkt im Modell des Objektplaners Änderungen vornehmen oder umgekehrt. So bleibt jeder für sein eigenes Modell verantwortlich.

3.3 Projektrealisierung

Für die Projektrealisierung können aus den Planungsergebnissen Kosten-, Termin-, Vergabe-, Abrechnungs- und Übergabemodelle (BIM-Anwendungsfälle 4-D, 5-D, 6-D) generiert werden. Bei konsequenter Anwendung von BIM können aus den Referenz- und Fachmodellen durch Filtern der Daten bzw. Zusammenfügen gemäß den vereinbarten AIA, BAP und der festgelegten Honorierung entsprechende Modelle erzeugt werden.

In dem Entwurf der VDI-Richtlinie 2552 werden die folgenden Modelle beschrieben.

3.3.1 Modelle für Kosten

Bei der Anwendung von BIM können aus den Referenz- und Fachmodellen durch Filtern der Daten bzw. Zusammenfügen entsprechende Kostenmodelle erzeugt werden.

Bei den Kostenermittlungen bis hin zur Kostenfeststellung werden Modelldetaillierungsgrade für Kostenermittlungen definiert. Die Kosten werden anhand eines Bauwerksinformationsmodells ermittelt. Dies kann bauteilorientiert erfolgen, sowohl unter Nutzung von Modellobjekten als auch vergabeorientiert anhand von Leistungsbeschreibungen, die sich aus den Modellobjekten ergeben.

3.3.2 Modelle für Termine

Für die Terminplanung ist in dem Datenmodell die Reihenfolge der Erstellung von Bauteilen oder Bauteilgruppen zu hinterlegen und mit Zeitangaben für Herstellung, Einbau und Fertigstellung zu versehen. Durch Zusammenfassen mehrerer Bauteile und Bauteilgruppen lassen sich mit dem gleichen Verfahren Terminpläne erstellen, die von grob nach fein ihren gewünschten Zweck erfüllen. In den Datensätzen sind neben Angaben zu den Soll-Terminen auch die späteren Ist-Termine zu erfassen.

3.3.3 Modelle für Vergabe und Abrechnung

Bei der Vergabe sind die Abrechnungsregeln, Detaillierungsgrade, Maßeinheiten usw. eindeutig festzulegen. Auf der Basis von Bauwerksinformationsmodellen erfordert die Anwendung von Übermessungsregeln nach der VOB einen zusätzlichen Aufwand. Die Verwendung von Nettomengen direkt aus der Modellierung von Bauteilen soll zur Vereinfachung führen, kann das Streitpotenzial reduzieren und die Rechnungsprüfung beschleunigen.

3.3.4 Modelle für Fertigstellung und Baudokumentation

Vor der Vergabe sind die Bauteilinformationen in der Regel herstellerneutral zu halten. Während der Baudurchführung können auch abgestimmte Änderungen notwendig werden. Diese Informationen werden in dem „Wie-gebaut-Modell" (BIM-As-built-Modell) aktualisiert.

3.3.5 Modelle für Datenübergabe an den Betrieb

Am Ende des Bauprozesses sind alle relevanten Informationen verfügbar. Aus diesem Datensatz wird ein den Festlegungen in den AIA und dem BAP entsprechendes Datenmodell für den Betrieb übergeben. Dabei ist insbesondere festzulegen, wer dieses Modell insgesamt oder nach fachspezifischen Kriterien aufgeteilt übergibt.

3.4 Projektbetrieb

Nach Beendigung der Ausführung wird mit der Abnahme der Bauleistungen der Errichtungsprozess abgeschlossen und der Projektbetrieb beginnt.

3.4.1 Betrieb

Das Betreiben des Bauwerks liegt außerhalb des Geltungsbereichs der HOAI. Es obliegt den Nutzern, die übergebenen Modellinformationen weiter zu pflegen und auf Stand zu halten.

3.4.2 Veränderung

Bei Modernisierungen, Instandsetzungen, Um- und Anbauten wird der Planungs- und Realisierungsprozess neu gestartet und durchläuft den zuvor beschriebenen Prozess aufs Neue.

3.4.3 Rückbau

Für einen Rückbau sind im Sinne der Methode BIM alle erforderlichen Daten in dem fortzuschreibenden Datenmodell enthalten. Hieran lassen sich neben den vorzufindenden Strukturen, Einbauten usw. auch die recycelbaren Baustoffe ableiten.

3.5 Rollen im BIM-Prozess

Projektorganisation ohne BIM

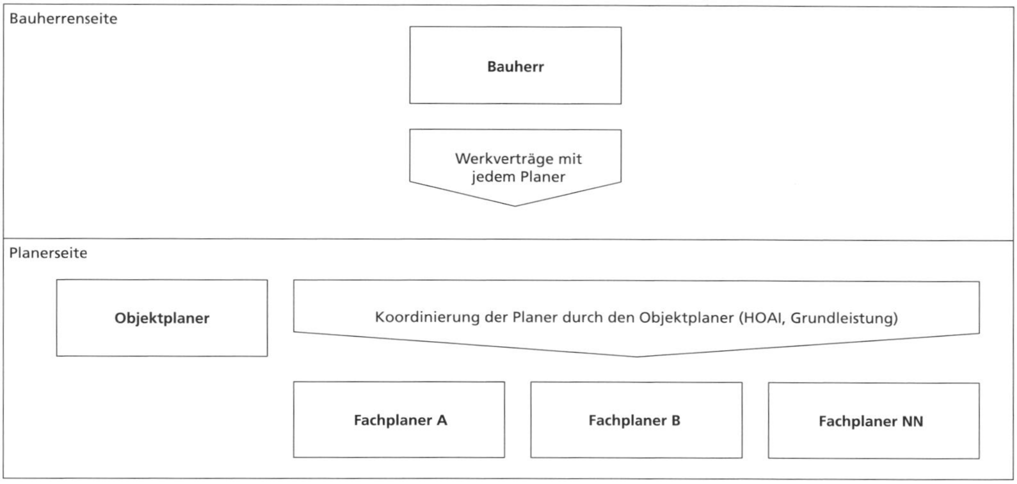

Projektorganisation mit BIM bei Beauftragung an Objekt- und Fachplaner

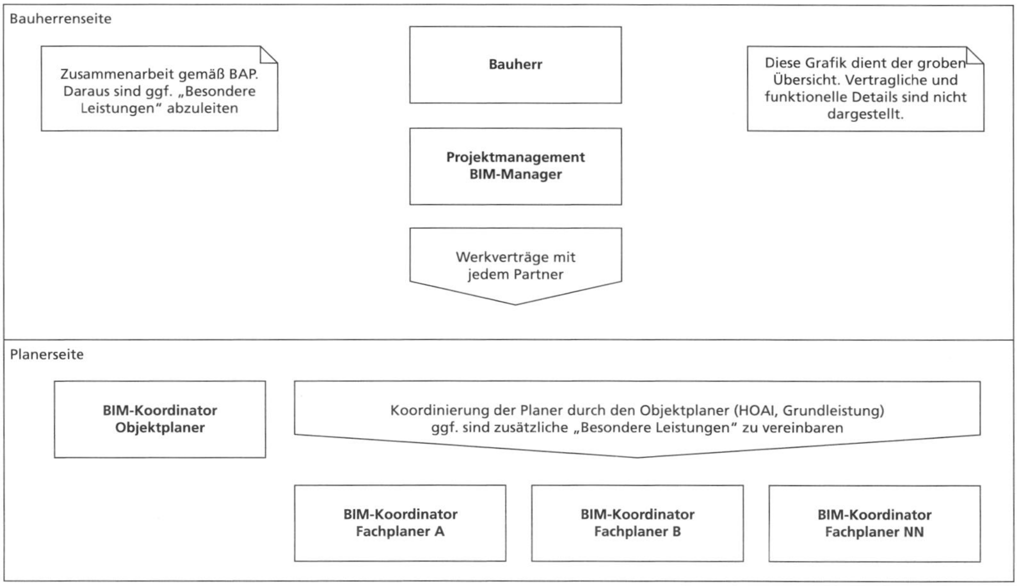

Projektorganisation mit BIM bei Beauftragung an Generalplaner

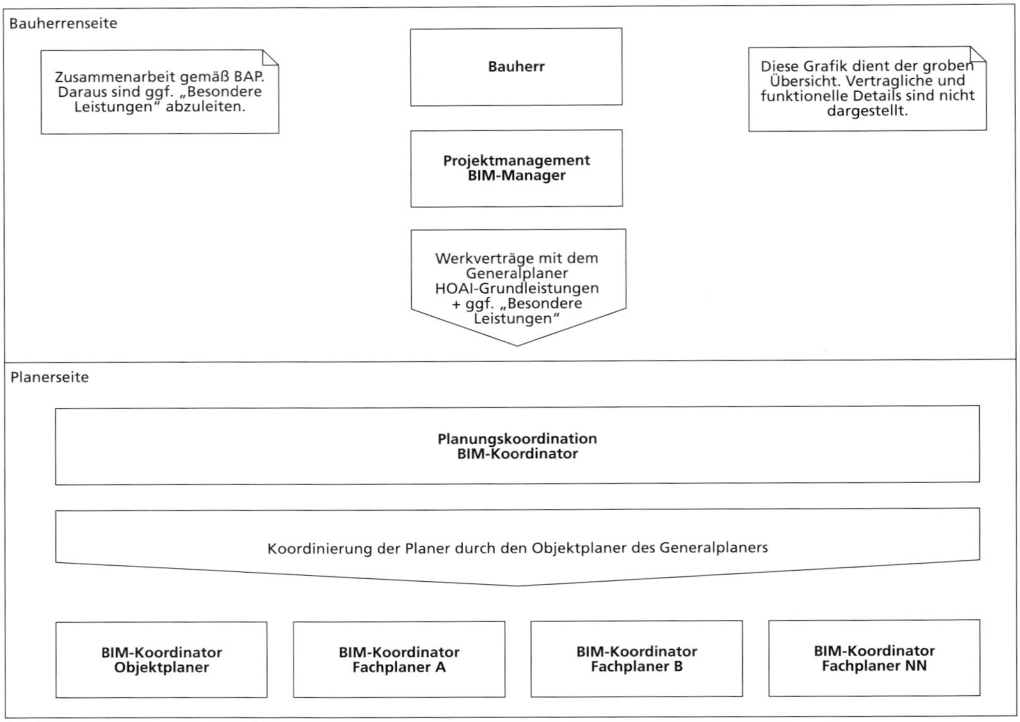

Für den BIM-Prozess ist die Festlegung von klar abzugrenzenden Rollen und Rechten eine wesentliche Voraussetzung. Die Digitalisierung erfordert nicht nur maschinenlesbare Informationen, sondern auch klare Ja-Nein-Zuordnungen.

Neben den traditionellen Aufgabenverteilungen ergeben sich BIM-relevante Rollen im Projekt:

Auftraggeber und Nutzer

- BIM-Manager
- BIM-Nutzer

Planung und Ausführung

- BIM-Koordinator
- BIM-Autor

Die Rollen beinhalten Verantwortlichkeiten und Aufgaben. Je nach Projektgröße werden diese Rollen von bereits mit anderen Aufgeben betrautem Personal übernommen, an geeignete Personen delegiert oder von Dritten (ggf. speziellen Institutionen) wahrgenommen.

3.5.1 BIM-Manager

Der BIM-Manager ist ein Projektmitglied auf Auftraggeberseite, der im Zuge des Projektmanagementprozesses die Auftraggeber-Informationsanforderungen (AIA) zusammenstellt sowie die BIM-Ziele und BIM-Anwendungen definiert.

Er ist für die organisatorischen Aufgaben zur Definition, Umsetzung, Einhaltung und Dokumentation der BIM-Prozesse zuständig.

Als Ansprechpartner des Auftraggebers ist er in allen digitalen Belangen und für das CDE (Common Data Environment) verantwortlich.

Auf operativer Ebene stimmt der BIM-Manager die Aufgaben und Prozesse mit dem BIM-Koordinator der Auftragnehmerseite ab.

3.5.2 BIM-Nutzer

Der BIM-Nutzer ist ein Projektmitglied auf Auftraggeberseite, der das Datenmodell während der Projektrealisierung ausschließlich zur Informationsgewinnung nutzt. Während der Betriebsphase ist er für die Datenpflege zuständig..

3.5.3 BIM-Koordinator

Der BIM-Koordinator führt die verschiedenen Fachmodelle zu definierten Zeitpunkten in einem BIM-Koordinationsmodell in separater Software (Modell-Checker) zusammen.

Er organisiert fachübergreifende technische Rahmenbedingungen, den IFC-Datenaustausch, die termingerechte Lieferung der Fachmodelle und führt qualitätssichernde Maßnahmen (Konsistenz- und Kollisionsprüfungen) durch.

3.5.4 (Fach-)Koordinator

Der (Fach-)Koordinator ist als Projektmitglied auf Auftragnehmerseite für die Einhaltung der BIM-Ziele entsprechend den AIA und des BAP verantwortlich.

Er definiert und koordiniert Aufgaben und Zuständigkeiten auf Grundlage der im BAP hinterlegten BIM-Prozesse und BIM-Anwendungen. Dazu überwacht er die BIM-Autoren bei der Erarbeitung des Datenmodells und leitet die Freigaben durch den BIM-Manager in projektspezifischen Intervallen ein.

Er sichert damit die vertraglich vereinbarte Qualität des Datenmodells und den fehlerfreien Datenaustausch.

3.5.5 BIM-Autor (Bearbeitungsebene)

Der BIM-Autor ist ein Projektmitglied auf Auftragnehmerseite, der das Datenmodell eines Bauwerks in Abstimmung mit den BIM-Koordinatoren bearbeitet. Er ist zuständig für die Einhaltung der Modellierungs-und Attribuierungsfestlegungen im BAP und erstellt verantwortlich die 3-D-Modelle.

Er ergänzt im Rahmen der BIM-Prozesse das Datenmodell um die Informationen aus den unterschiedlichen Fachdisziplinen entsprechend der vertraglich vereinbarten Qualität unter Berücksichtigung von BIM-Standards der AIA und des BAP.

Die Attribuierung von Bauteilen und Elementen ist ein wesentliches Element von BIM. Mit fortschreitender Entwicklung des Modells kann die Mitwirkung bei der Attribuierung nach besonderen Anforderungen des Auftraggebers in jeder Leistungsphase notwendig sein und ist ggf. eine Besondere Leistung, die nach Aufwand entsprechend festzulegender Anforderungen zu vergüten ist.

4. Eckpunkte von BIM und HOAI

Die nachstehend aufgeführten Eckpunkte bilden die Grundlage für die Erläuterungen zu den Leistungsphasen in Kapitel 5.

Insbesondere kleine Büros sollen damit motiviert werden, für die Erbringung der Leistungsbilder der HOAI BIM-Kompetenzen zu erwerben und zu nutzen, um auf diese Weise ihre Marktposition zu stärken.

Ein externes BIM-Management wird in der Regel nur für komplexe Großprojekte benötigt. Trotzdem sind für den Einsatz dieser Planungsmethode klare Strukturen mit Rollen und Rechten erforderlich, um die Potenziale optimal nutzen zu können. Nur auf dieser Grundlage ist es möglich, die Vorteile wie automatisierte Prüfvorgänge, erhöhte Planungsqualität und erhöhte Kostensicherheit zu erreichen.

- Die Anwendung von BIM ändert nichts an der rechtlichen Einordnung der Planung als werkvertragliche Leistung und dem Prozesscharakter der Planung (vgl. Abschnitt 1.1).
- Der in den Leistungsbildern der HOAI dargestellte Prozess ist grundsätzlich methodenneutral. Daher ist die Planungsmethode BIM im Anwendungsbereich der HOAI möglich. Der BIM-Planungsprozess ist grundsätzlich im Katalog der Grundleistungen abzubilden (vgl. Abschnitt 1.2).
- Die Anwendung von BIM ändert nichts an der preisrechtlichen Einordnung in Grundleistungen und Besondere Leistungen. Werden Leistungen verlangt, die über die Grundleistungen der HOAI hinausgehen, handelt es sich um Besondere Leistungen, die frei zu vereinbaren und zu vergüten sind.
- Werden in der Planung Besondere Leistungen erforderlich, um den BIM-Prozess einzuleiten oder fortzuführen, wie bspw. die Konzeption des BIM-Datenmodells oder die datentechnische Konsistenzprüfung der Fachmodelle fachlich an der Planung Beteiligter, ist der entstehende Mehraufwand zu vergüten. Dies ist im Einzelfall zu prüfen und vertraglich zu vereinbaren.
- Die Anwendung der BIM-Methode führt generell nicht zu Verschiebungen von Grundleistungen im Planungsprozess. Wenn der Auftraggeber später zu erbringende Grundleistungen vorziehen lassen will, können diese nicht ohne Verlust an Detailqualität in früheren Leistungsphasen erbracht werden. Derartige Leistungen sind gesondert zu beauftragen.
- Es wird empfohlen, die Leistungsphasen zusammenhängend zu beauftragen. Die Trennung der Leistungen führt zu Effizienzverlusten und zu Aufwand für zusätzliche Einarbeitung.
- Bereits die „McLeamy-Curve" zeigt, dass es wirtschaftlich und technisch sinnvoll ist, die komplette Planung fertigzustellen, bevor die Bauarbeiten beginnen (vgl. die folgende Abbildung).

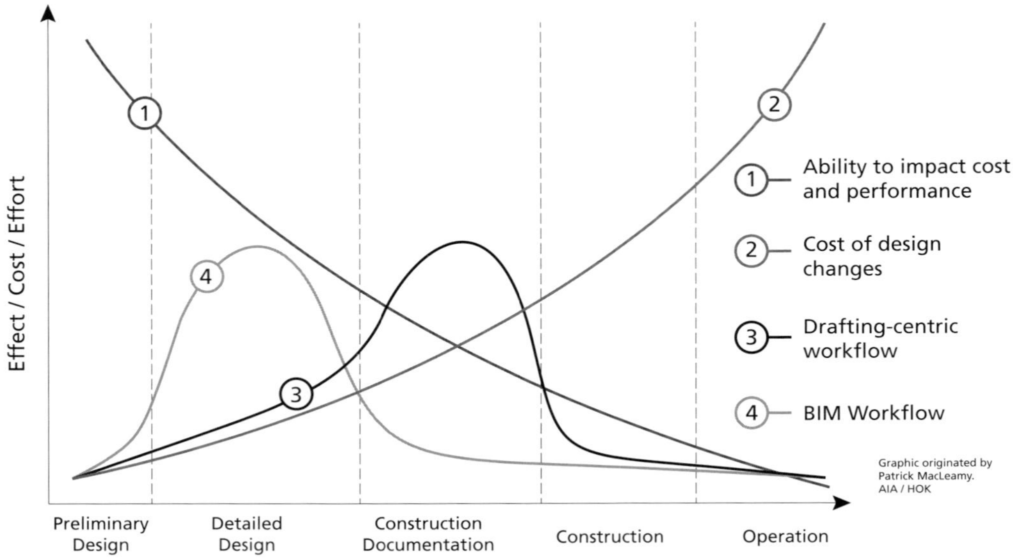

BIM-Vorteile nach MacLeamy, CEO of HOK, 2011

- Auf den ersten Blick könnten bei der Anwendung von BIM Aufwandserleichterungen durch automatisierbare Prozesse eintreten, wie z.B. bei automatisierten Mengenermittlungen. Diese vermeintliche Aufwandsminderung im Gesamtprojekt resultiert aus einem zuvor zu leistenden Zusatzaufwand des Planers in früheren Leistungsphasen, wie z.B. infolge der Zuordnung bestimmter Merkmale zu geometrischen Bauteilen.
- Bei den Vorleistungen für eine Planung handelt es sich um Leistungen der Projektentwicklung bzw. der Bedarfsplanung gemäß DIN 18205. Die BIM-Ziele und -Anforderungen werden durch den Auftraggeber in den Auftraggeber-Informationsanforderungen (AIA) vorgegeben.
- Der für die Projektabwicklung erforderliche Projektraum (CDE – Common Data Environment) ist vom Auftraggeber vorzuhalten.
- Der Austausch von Daten zwischen den fachlich an der Planung Beteiligten im Rahmen der Projektbearbeitung wird in den AIA bzw. im BIM-Abwicklungsplan BAP geregelt.
- Aufgrund der Koordinationsverantwortung des Objektplaners soll auch die Zusammenführung der Fachmodelle in das BIM-Koordinationsmodell zur datentechnischen Kollisions- und Konsistenzprüfung beim Objektplaner angesiedelt sein.
- Die fachliche und technische Koordination und Integration der Leistung der an der Planung fachlich Beteiligten ist entsprechend dem Leistungsbild der HOAI Grundleistung des Objektplaners.
- Die Dokumentationspflichten der Leistungsbilder der HOAI bleiben durch die BIM-Methode unberührt. Die Art der Dokumentation sollte in den AIA und BAP festgelegt werden.
- Im Zuge des Planungsprozesses werden die Objektdatenbanken/die digitalen Gebäudemodelle mit den der Planungstiefe entsprechenden Informationen bis zur ausführungsreifen Lösung der Planungsaufgabe weiterentwickelt.

- Im Rahmen der Vorbereitung und Mitwirkung an der Vergabe werden in der Regel klassische Vergabeunterlagen mit Leistungsbeschreibungen hergestellt. Digitale Modelle können zusätzlich als Informationsmodelle an die Ausführungsbeteiligten übermittelt werden. Ihre Qualität und ihr Inhalt müssen in den AIA und BAP beschrieben sein.
- Für den Planungs- und Bauprozess erforderliche 2-D-Pläne sind aus den digitalen Gebäude- und Fachmodellen abzuleiten.
- Eine modellbasierte Terminplanung, das Generieren von Bauabläufen aus den in den Planungselementen hinterlegten Informationen, ist eine Besondere Leistung. Ebenso die Überführung der Planungsmodelle in ein „As-built-Modell".
- Die Weiterentwicklung zur Erstellung eines Facility-Management-Modells unter Reduzierung der Daten des Planungsmodells und Ergänzung um zusätzliche betriebsrelevante Daten gehört nicht zu den Grundleistungen der Objekt- und Fachplanung und ist als Besondere Leistung einzustufen.

5. Leistungsbilder der HOAI/BIM-Leistungen und Modelldetaillierungsgrade

Im Rahmen der Darstellung der HOAI-Leistungsbilder Objektplanung Gebäude und Innenräume, Objektplanung Ingenieurbauwerke, Fachplanungen Tragwerksplanung und Technische Ausrüstung mit entsprechenden BIM-Leistungen und der zuzuordnenden Modelldetaillierungsgrade wurden keine Änderungen der Grundleistungen der HOAI vorgenommen.

Die BIM-spezifischen Leistungen und Modelldetaillierungsgrade werden den jeweiligen Leistungsphasen und den genannten Leistungsbildern zugeordnet und erläutert. Darüber hinaus werden in den jeweiligen Leistungsphasen Besondere Leistungen BIM beispielhaft, aber nicht abschließend aufgeführt.

BIM als neue Planungsmethode erfordert in ihrer Gesamtheit zusätzliche Leistungen (z.B. BIM-Koordinator). Bei den Objektplanungen als auch bei den Fachplanungen können zusätzliche Leistungen erforderlich werden (Beispiele hierzu in den Tabellen auf S. 31 ff.). Die Bandbreite der Honorarempfehlungen wird in großem Maße vom geplanten BIM-Reifegrad (Level 0 bis 3), dem Projekt und den Anforderungen der AIA abhängig sein.

Aufgrund fehlender Erfahrungswerte können die hierfür erforderlichen Honorare zum aktuellen Zeitpunkt noch nicht alle abschließend bewertet werden. Für diese Fälle wird eine Honorarvereinbarung nach Zeitaufwand empfohlen.

In der Regel wird der Leistungsumfang der Planung erst mit der Erarbeitung der AIA und BAP individuell für jedes Projekt festgelegt werden. Während des Projektablaufs können geänderte oder zusätzliche AIA- und BAP-Dokumente erforderlich werden. Veränderungen des Auftraggebers bedingen entsprechend ihrer Auswirkungen auf die Bearbeitung Honoraranpassungen. Die vorliegenden Bewertungen der Besonderen Leistungen gelten nur bei einer vollständigen Beauftragung über alle Leistungsphasen. Werden Leistungsphasen abschnittsweise beauftragt, entsteht ein höherer Aufwand als in den Tabellen benannt.

Zu beachten ist dabei, dass bestimmte Besondere Leistungen vom Objekt- oder Fachplaner erbracht werden können und nur an einen Beteiligten zu beauftragen sind, z.B. die BIM-Koordination.

Auf der anderen Seite gibt es Besondere Leistungen zum selben Thema, die in unterschiedlichen Leistungsbildern auftreten, Leistungen von Objekt- und Fachplanern erforderlich machen und mehrfach zu beauftragen sind. Dies sind z.B. die „Zuordnung von Raumeigenschaften und Ausstattungen (Anforderungsraumbuch) in dem 3-D-Gebäudemodell" im Leistungsbild Objektplanung Gebäude/Innenräume und „Mitwirken beim Erstellen eines 3-D-Gebäudemodells durch Zuordnung von Raumeigenschaften und Ausstattung (Raumbuch)" im Leistungsbild Fachplanung Technische Ausrüstung.

5. HOAI/BIM-Leistungen und Modelldetaillierungsgrade

Die Beschreibung der BIM-Leistungen je Leistungsphase folgt folgender Gliederung:

1. Erstellung/Konstruktion des 3-D-Modells
2. Bereitstellen des 3-D-Modells, Datenaustausch und Integration der Ergebnisse der weiteren an der Planung fachlich Beteiligten, einschließlich Auflistung der Angaben der jeweiligen Fachdisziplinen (Tragwerksplanung, Technische Ausrüstung, Brandschutz, Bauphysik)
3. Arbeiten mit dem 3-D-Modell
4. Besondere Leistungen BIM

Eine Zuordnung und Beschreibung der jeweiligen Modelldetaillierungsgrade (MDG) sowie der jeweiligen Ergebnisse des modellbasierten Arbeitens erfolgt je Leistungsbild und Leistungsphase.

5.1 Anlage 10 zu § 34 Grundleistungen – Objektplanung Gebäude und Innenräume

Lph Leistungsbeschreibungen der Grundleistungen nach HOAI		BIM-Leistungen und Modelldetaillierungsgrad (MDG)
		Erwähnte Besondere Leistungen sind beispielhaft und nicht abschließend! Die Festlegung der Bewertung im vorgeschlagenen Rahmen der Von-bis-v.H.-Bewertung ist objektabhängig. Maßgebliche Kriterien sind die Komplexität der Aufgabenstellung, die Komplexität der Schnittstellen in Planung und Ausführung und die Anzahl der Projektbeteiligten.
1 Grundlagenermittlung	**2 %**	**BIM-Leistungen (Konstruktion und Integration)**
a) Klären der Aufgabenstellung auf Grundlage der Vorgaben der Bedarfsplanung des Auftraggebers b) Ortsbesichtigung c) Beraten zum gesamten Leistungs- und Untersuchungsbedarf d) Formulieren der Entscheidungshilfen für die Auswahl anderer an der Planung fachlich Beteiligter e) Zusammenfassen, Erläutern und Dokumentieren der Ergebnisse		Klären der Aufgabenstellung einschl. der Planungsmethode unter Berücksichtigung der Auftraggeber-Informationsanforderungen AIA und der BIM-Ablaufplanung BAP, Mitwirkung bei der projektspezifischen Anpassung und Vervollständigung des BIM-Ablaufplans, Abstimmung zum Einsatz von Modellierungs- und Prüfwerkzeugen und zum Datenaustausch, ggf. Übernahme eines Bestandsmodells. **Besondere Leistungen:** **Erstellen oder Mitwirken bei der Erstellung der AIA und des BAP** Bewertung: Nach Aufwand auf Basis der Planungsgrundlage (nach § 650p BGB Planungsgrundlage mit Kosteneinschätzung) **Beraten zum gesamten Leistungsbedarf in Bezug auf mögliche BIM-Prozesse, zu Kollaborationsplattform und BIM-Software, Mitwirken bei der Erstellung des Lastenheftes der Kollaborationsplattform, Implementierung der Kollaborationsplattform im Projekt, Konzepterstellung und Durchführung von Interoperabilitätstests** Bewertung: 0,5 bis 2,0 v.H. (nach Objektanforderungen) **Erstellung eines Bestandsdatenmodells als Grundlage des BIM-Prozesses, z.B. auf Grundlage vermessungstechnischer Verfahren** Bewertung: Nach Aufwand wegen unterschiedlicher Grundlagen und Anforderungen.
Modelldetaillierungsgrad MDG 010 (keine Entsprechung bei LOD)		Keine modellspezifischen Anforderungen
Ergebnis des modellbasierten Arbeitens Lph 1 (ggf. einschl. Besonderer Leistungen)		Projektspezifische BAP und Datengrundlagen

Lph Leistungsbeschreibungen der Grundleistungen nach HOAI		BIM-Leistungen und Modelldetaillierungsgrad (MDG)
2 Vorplanung (Projekt- und Planungsvorbereitung)	**7 %**	**BIM-Leistungen (Konstruktion und Integration)**
a) Analysieren der Grundlagen, Abstimmen der Leistungen mit den fachlich an der Planung Beteiligten b) Abstimmen der Zielvorstellungen, Hinweisen auf Zielkonflikte c) Erarbeiten der Vorplanung, Untersuchen, Darstellen und Bewerten von Varianten nach gleichen Anforderungen, Zeichnungen im Maßstab nach Art und Größe des Objekts d) Klären und Erläutern der wesentlichen Zusammenhänge, Vorgaben und Bedingungen (zum Beispiel städtebauliche, gestalterische, funktionale, technische, wirtschaftliche, ökologische, bauphysikalische, energiewirtschaftliche, soziale, öffentlich-rechtliche) e) Bereitstellen der Arbeitsergebnisse als Grundlage für die anderen an der Planung fachlich Beteiligten sowie Koordination und Integration von deren Leistungen f) Vorverhandlungen über die Genehmigungsfähigkeit g) Kostenschätzung nach DIN 276, Vergleich mit den finanziellen Rahmenbedingungen h) Erstellen eines Terminplans mit den wesentlichen Vorgängen des Planungs- und Bauablaufs i) Zusammenfassen, Erläutern und Dokumentieren der Ergebnisse		Mitwirkung bei der Fortschreibung des projektspezifischen BAP, Festlegungen zum Einsatz von Modellierungs- und Prüfwerkzeugen und zum Datenaustausch. Erstellen eines bauteilorientierten 3-D-Datenmodells (Referenzmodell) einschl. räumlicher Einordnung in die Umgebung. Schematisch/generisch als Symbol oder Ersatzgeometrie im Modell darzustellen sind alle Räume mit eindeutiger Bezeichnung und alle wesentlichen Konstruktionsbauteile. Anlegen der Eigenschaftsdatensätze und Einfügen der im Zuge der Vorentwurfsplanung erarbeiteten Informationen. Basis: Bauelemente nach DIN 276, zweite Ebene. Das 3-D-Datenmodell ist den anderen an der Planung fachlich Beteiligten als Planungsgrundlage zur Verfügung zu stellen. Deren Leistungen bzw. Ergebnisse der Planung in Fachmodellen sind in das 3-D-Modell zu integrieren, soweit diese Informationen oder Bauelemente enthalten, die Bestandteil des Objektmodells Gebäude werden. Dies sind z.B. folgende Anforderungen: – Tragwerksplanung: Raster/Konstruktionsprinzip, Bauteilvordimensionierung, Materialangaben – Technische Ausrüstung: Haupttrassen, Schächte, Installationshohlräume – Brandschutz: Grobkonzeption Anhand des 3-D-Datenmodells erfolgen u.a.: – Grobmengenermittlung für die Kostenschätzung nach DIN 276 – NUF/BGF/BRI-Ermittlung zum Abgleich der Flächenwirtschaftlichkeit nach DIN 277 – Modellbasierte Konsistenz- und Kollisionsprüfungen innerhalb des Leistungsbereichs Objektplanung **Besondere Leistungen:** **Implementierung der Fachmodelle in das Gesamtmodell zu leistungsbereichsübergreifenden Konsistenz- und Kollisionsprüfungen** Bewertung: BIM-Koordination 1,0 bis 2,0 v.H. **Zuordnung von Raumeigenschaften und Ausstattungen (Anforderungsraumbuch) in dem 3-D-Gebäudemodell** Bewertung: 1,5 bis 2,5 v.H. **Attribuierung von Bauteilen und Elementen nach besonderen Anforderungen des Auftraggebers** Bewertung: Nach Aufwand entsprechend festzulegender Anforderungen

Lph Leistungsbeschreibungen der Grundleistungen nach HOAI		BIM-Leistungen und Modelldetaillierungsgrad (MDG)
Modelldetaillierungsgrad MDG 100 (ähnlich LOD 100)		3-D-Datenmodell als Gebäudemodell, Raumprogrammumsetzung mit Raumnummern, insbesondere mit Geschosshöhen, allgemeiner Beschreibung von Objekttypen und Bauteileigenschaften
Ergebnis des modellbasierten Arbeitens Lph 2 (ggf. einschl. Besonderer Leistungen)		Integriertes, qualitätsgesichertes und bereinigtes 3-D-Datenmodell als führender Informationsträger für die anderen an der Planung fachlich Beteiligten und Ausgangsbasis für folgende Lph.
3 Entwurfsplanung (System- u. Integrationsplanung)	**15 %**	**BIM-Leistungen (Konstruktion und Integration)**
a) Erarbeiten der Entwurfsplanung, unter weiterer Berücksichtigung der wesentlichen Zusammenhänge, Vorgaben und Bedingungen (zum Beispiel städtebauliche, gestalterische, funktionale, technische, wirtschaftliche, ökologische, soziale, öffentlich-rechtliche) auf der Grundlage der Vorplanung und als Grundlage für die weiteren Leistungsphasen und die erforderlichen öffentlich-rechtlichen Genehmigungen unter Verwendung der Beiträge anderer an der Planung fachlich Beteiligter. Zeichnungen nach Art und Größe des Objekts im erforderlichen Umfang und Detaillierungsgrad unter Berücksichtigung aller fachspezifischen Anforderungen (zum Beispiel bei Gebäuden im Maßstab 1:100, zum Beispiel bei Innenräumen im Maßstab 1:50 bis 1:20) b) Bereitstellen der Arbeitsergebnisse als Grundlage für die anderen an der Planung fachlich Beteiligten sowie Koordination und Integration von deren Leistungen c) Objektbeschreibung d) Verhandlungen über die Genehmigungsfähigkeit e) Kostenberechnung nach DIN 276 und Vergleich mit der Kostenschätzung f) Fortschreiben des Terminplans g) Zusammenfassen, Erläutern und Dokumentieren der Ergebnisse		Durcharbeitung des 3-D-Datenmodells auf Grundlage der Erarbeitung der Vorplanung bis zur Bearbeitungstiefe der fertigen Entwurfsplanung. Dazu zählen u.a. die Festlegung der Fassadengeometrie, der Höhenentwicklung und der Bauteildefinitionen mit den entsprechenden Eigenschaften. Bauteile sind mehrschalig anzulegen. Fortschreiben der Eigenschaftsdatensätze und Einfügen der im Zuge der Entwurfsplanung erarbeiteten Informationen. Das 3-D-Datenmodell ist den anderen an der Planung fachlich Beteiligten als Planungsgrundlage zur Verfügung zu stellen. Deren Leistungen bzw. Ergebnisse der Planung in Fachmodellen sind in das 3-D-Modell zu integrieren, soweit diese Informationen oder Bauelemente enthalten, die Bestandteil des Objektmodells Gebäude werden. Dies sind z.B. folgende Anforderungen: – Tragwerksplanung: Bauteildimensionierung, Materialangaben, konstruktiv relevante Bauteilöffnungen – Technische Ausrüstung: Konstruktiv relevante Bauteilöffnungen, Installationszonen – Brandschutz: Bauteilanforderungen, Konzeption Brandschutz – Bauphysikalische Daten: Maßgebliche Eigenschaften Anhand des 3-D-Datenmodells erfolgen u.a.: – Festlegung der Qualitäten für die Kostenberechnung nach DIN 276 – Mengenermittlung als Grundlage der Kostenberechnung nach DIN 276 – Modellbasierte Konsistenz- und Kollisionsprüfungen innerhalb des Leistungsbereichs Objektplanung **Besondere Leistungen:** **Leistungsbereichsübergreifende Konsistenz- und Kollisionsprüfung** Bewertung: BIM-Koordination 2,0 bis 3,0 v.H.

Lph Leistungsbeschreibungen der Grundleistungen nach HOAI		**BIM-Leistungen und Modelldetaillierungsgrad (MDG)**
		BIM-Anwendungsfälle 4-D und 5-D: Modellbasierte Terminplanung/Bauablaufsimulation Bewertung: 1,0 bis 2,5 v.H. **Modellbasierte Kostenkontrolle** Bewertung: 1,0 bis 2,5 v.H.
Modelldetaillierungsgrad MDG 200 (ähnlich LOD 200)		3-D-Datenmodell (Architekturmodell), mit im Wesentlichen vollständiger Gebäude- und Bauteilgeometrie, mit detaillierten Qualitäts- und Materialangaben (i.d.R. alphanumerisch). Die Eigenschaften sind bei öffentlichen Aufträgen produktneutral zu definieren.
Ergebnis des modellbasierten Arbeitens Lph 3 (ggf. einschl. Besonderer Leistungen)		Integriertes, qualitätsgesichertes und bereinigtes 3-D-Datenmodell als Ausgangsbasis für folgende Lph, aus dem der Informationstiefe der Lph entsprechend 2-D-Entwurfszeichnungen generiert werden. Es muss als Referenzmodell für die anderen an der Planung fachlich Beteiligten und für die Anwendung der BCF-Methode geeignet sein.
4 Genehmigungsplanung	**3 %**	**BIM-Leistungen (Konstruktion und Integration)**
a) Erarbeiten und Zusammenstellen der Vorlagen und Nachweise für öffentlich-rechtliche Genehmigungen oder Zustimmungen einschließlich der Anträge auf Ausnahmen und Befreiungen sowie notwendiger Verhandlungen mit Behörden unter Verwendung der Beiträge anderer an der Planung fachlich Beteiligter b) Einreichen der Vorlagen c) Ergänzen und Anpassen der Planungsunterlagen, Beschreibungen und Berechnungen		Keine weitere Durcharbeitung des 3-D-Datenmodells in Geometrie und Eigenschaften. Ggf. Ergänzen und Anpassen des 3-D-Datenmodells, soweit Anpassungen oder Änderungen aus dem Genehmigungsprozess erforderlich werden. Anhand des 3-D-Datenmodells erfolgt u.a.: Erarbeitung der Vorlagen (Planungsunterlagen und Berechnungen), wie sie sich aus den öffentlich-rechtlichen Anforderungen an Genehmigungsunterlagen ergeben, im Wesentlichen durch Ableiten aus dem 3-D-Datenmodell.
Modelldetaillierungsgrad MDG 210 (keine Entsprechung bei LOD)		Das 3-D-Datenmodell für die Genehmigungsplanung entspricht in der Geometrie MDG 200. Die Eigenschaften sind bei öffentlichen Aufträgen produktneutral zu definieren und ggf. im Ergebnis der Genehmigungsplanung anzupassen bzw. zu ergänzen.
Ergebnis des modellbasierten Arbeitens Lph 4 (ggf. einschl. Besonderer Leistungen)		Integriertes, qualitätsgesichertes und bereinigtes 3-D-Datenmodell, aus dem der Informationstiefe der Lph entsprechend 2-D-Genehmigungszeichnungen und weitere Vorlagen generiert werden.

Lph	Leistungsbeschreibungen der Grundleistungen nach HOAI		BIM-Leistungen und Modelldetaillierungsgrad (MDG)
5	**Ausführungsplanung**	**25 %**	**BIM-Leistungen (Konstruktion und Integration)**
	a) Erarbeiten der Ausführungsplanung mit allen für die Ausführung notwendigen Einzelangaben (zeichnerisch und textlich) auf der Grundlage der Entwurfs- und Genehmigungsplanung bis zur ausführungsreifen Lösung als Grundlage für die weiteren Leistungsphasen b) Ausführungs-, Detail- und Konstruktionszeichnungen nach Art und Größe des Objekts im erforderlichen Umfang und Detaillierungsgrad unter Berücksichtigung aller fachspezifischen Anforderungen (zum Beispiel bei Gebäuden im Maßstab 1:50 bis 1:1, zum Beispiel bei Innenräumen im Maßstab 1:20 bis 1:1) c) Bereitstellen der Arbeitsergebnisse als Grundlage für die anderen an der Planung fachlich Beteiligten sowie Koordination und Integration von deren Leistungen d) Fortschreiben des Terminplans e) Fortschreiben der Ausführungsplanung auf Grund der gewerkeorientierten Bearbeitung während der Objektausführung f) Überprüfen erforderlicher Montagepläne der vom Objektplaner geplanten Baukonstruktionen und baukonstruktiven Einbauten auf Übereinstimmung mit der Ausführungsplanung		Durcharbeiten des 3-D-Datenmodells auf Grundlage der Entwurfs- und Genehmigungsplanung bis zum Darstellen der ausführungsreifen Lösung und als Grundlage für Lph 6. Definition der endgültigen Gebäude- bzw. Bauteilgeometrie und Materialität. Fortschreiben der Eigenschaftsdatensätze, Übernahme der im Zuge der Ausführungsplanung erarbeiteten Informationen. Das 3-D-Datenmodell ist den anderen an der Planung fachlich Beteiligten als Planungsgrundlage bzw. als Referenzmodell zur Verfügung zu stellen. Deren Leistungen bzw. Ergebnisse der Planung in Fachmodellen oder weitere Angaben sind in das 3-D-Modell zu integrieren. Dies sind z.B. folgende Anforderungen: – Tragwerksplanung: Endgültige Bauteildimensionierung, Materialangaben, Einbauteile – Technische Ausrüstung: Durchbrüche, Schlitze, Einbauteile, Installationszonen – Brandschutz: Endgültige Bauteilanforderungen – Bauphysikalische Daten: Endgültige Eigenschaften Anhand des 3-D-Datenmodells erfolgen u.a.: – Fortschreibung der Qualitäten und Mengen als Grundlage für das Erstellen der Leistungsbeschreibungen in Lph 6 – Fortschreiben des Ausführungsplanungsmodells MDG 300 aufgrund der gewerkeorientierten Bearbeitung während der Objektausführung – Modellbasierte Konsistenz- und Kollisionsprüfungen innerhalb des Leistungsbereichs Objektplanung **Besondere Leistungen:** **Leistungsbereichsübergreifende Konsistenz- und Kollisionsprüfung und Bereitstellen eines koordinierten Datenmodells für die Ausführung.** Bewertung: BIM-Koordination 2,0 bis 3,0 v.H. **Modellbasierte Terminplanung, Bauablaufsimulation und Kostenkontrolle (BIM-Anwendungsfälle 4-D und 5-D).** Bewertung: Als Fortschreibung Lph 3 jeweils 0,5 bis 1,0 v.H. **Ergänzung der Modellelemente um betriebsrelevante Eigenschaften.** Bewertung: Nach Aufwand

Lph Leistungsbeschreibungen der Grundleistungen nach HOAI		BIM-Leistungen und Modelldetaillierungsgrad (MDG)
		Weiterentwicklung des Datenmodells in einem an die spezifischen Anforderungen der beauftragten Firmen angepassten Format zur Herstellung von Werkstatt- und Montagezeichnungen. Bewertung: Nach Aufwand, spezifische Anforderungen können erst nach Beauftragung der ausführenden Firmen festgelegt werden. **Prüfen der Werk- und Montageplanung eines ausführenden Unternehmens auf Datenkonformität.** Bewertung: Nach Aufwand
Modelldetaillierungsgrad MDG 300 (ähnlich LOD 300)		3-D-Datenmodell mit detaillierter, spezifischer und ausführungsreifer Modellierung von Bauteilen und Bauteilgruppen, mit präzisen Angaben zu Abmessungen, Form, Lage und Ortsbezug sowie Mengen. Die Eigenschaften sind bei öffentlichen Aufträgen produktneutral zu definieren.
Ergebnis des modellbasierten Arbeitens Lph 5 (ggf. einschl. Besonderer Leistungen)		Integriertes, qualitätsgesichertes und bereinigtes 3-D-Datenmodell als Ausgangsbasis für folgende Lph, aus dem der Informationstiefe der Lph entsprechend 2-D-Ausführungszeichnungen sowie Grundlagen für Detail- und Konstruktionszeichnungen in 2-D-Darstellung generiert werden. Es dient als Grundlage zur Fortschreibung der Ausführungsplanung aufgrund der gewerkeorientierten Bearbeitung während der Objektausführung und zur Erstellung der Werk- und Montagepläne der ausführenden Firmen.
6 Vorbereitung der Vergabe	**10 %**	**BIM-Leistungen (Konstruktion und Integration)**
a) Aufstellen eines Vergabeterminplans b) Aufstellen von Leistungsbeschreibungen mit Leistungsverzeichnissen nach Leistungsbereichen, Ermitteln und Zusammenstellen von Mengen auf der Grundlage der Ausführungsplanung unter Verwendung der Beiträge anderer an der Planung fachlich Beteiligter c) Abstimmen und Koordinieren der Schnittstellen zu den Leistungsbeschreibungen der an der Planung fachlich Beteiligten d) Ermitteln der Kosten auf der Grundlage vom Planer bepreister Leistungsverzeichnisse		Keine weitere Durcharbeitung des 3-D-Datenmodells in Geometrie und Eigenschaftsdatensätzen über MDG 300 hinaus. Anhand des 3-D-Datenmodells erfolgen u.a.: – Detaillierte Mengenermittlung aus dem Modell, Zusammenstellen von Quantitäten und Qualitäten, unter Verwendung der Ergebnisse anderer an der Planung fachlich Beteiligter und deren Fachmodelle, u.a. als Grundlage für die Leistungsverzeichnisse – Ausgabe von Bauteil-, Bauelementlisten, Grundlagen für Fenster- und Türlisten – Bereitstellen des integrierten, qualitätsgesicherten 3-D-Datenmodells der Lph 5 mit produktneutralen Eigenschaften in geeigneten Datenformaten in Ergänzung der Vergabeunterlagen Hinweis: Das Vereinbaren von Realmengen zur Abrechnung setzt die vertragliche Festlegung mit den Anbietern voraus, dass die durch die Übermessungsregelungen abgedeckten Aufwendungen bei der Ausschreibung berücksichtigt werden.

Lph Leistungsbeschreibungen der Grundleistungen nach HOAI		**BIM-Leistungen und Modelldetaillierungsgrad (MDG)**
e) Kostenkontrolle durch Vergleich der vom Planer bepreisten Leistungsverzeichnisse mit der Kostenberechnung f) Zusammenstellen der Vergabeunterlagen für alle Leistungsbereiche		**Besondere Leistungen:** **Modellbasierte Terminplanung und Bauablaufsimulation (BIM-Anwendungsfall 4-D)** Bewertung: Als Fortschreibung Lph 5 0,5 bis 1,0 v.H. **Erstellung eines AVA-Modells mit Leistungen und Kostendaten einschl. modellbasierter Kostenkontrolle (BIM-Anwendungsfall 5-D) durch Verknüpfung der Listen und modellbasierter Mengen mit Einheitspreisen zum Abgleich mit der Kostenberechnung.** Bewertung: 2,5 bis 3,5 v.H.
Modelldetaillierungsgrad MDG 310 (keine Entsprechung bei LOD)		Das 3-D-Datenmodell für die Vorbereitung der Vergabe entspricht MDG 300. Es kann für die in der Lph erforderlichen Datenermittlungen und weitere BIM-Anwendungsfälle verwendet werden.
Ergebnis des modellbasierten Arbeitens Lph 6 (ggf. einschl. Besonderer Leistungen)		Modellbasierte Mengenermittlungen und Generieren nicht grafischer Informationen für das Aufstellen von Leistungsbeschreibungen mit Leistungsverzeichnissen.
7 Mitwirkung bei der Vergabe	**4 %**	**BIM-Leistungen (Konstruktion und Integration)**
a) Koordinieren der Vergaben der Fachplaner b) Einholen von Angeboten c) Prüfen und Werten der Angebote einschließlich Aufstellen eines Preisspiegels nach Einzelpositionen oder Teilleistungen, Prüfen und Werten der Angebote zusätzlicher und geänderter Leistungen der ausführenden Unternehmen und der Angemessenheit der Preise d) Führen von Bietergesprächen e) Erstellen der Vergabevorschläge, Dokumentation des Vergabeverfahrens f) Zusammenstellen der Vertragsunterlagen für alle Leistungsbereiche g) Vergleichen der Ausschreibungsergebnisse mit den vom Planer bepreisten Leistungsverzeichnissen oder der Kostenberechnung h) Mitwirken bei der Auftragserteilung		Keine weitere Durcharbeitung des 3-D-Datenmodells in Geometrie und Eigenschaften über MDG 300 hinaus. Anhand des 3-D-Datenmodells erfolgen u.a.: Erläuterungen zum 3-D-Datenmodell im Rahmen von Bietergesprächen **Besondere Leistungen:** **Ermitteln des Anpassungs- und Fortschreibungsbedarfs des 3-D-Datenmodells aufgrund produktspezifischer Angaben bei von der Ausschreibung abweichenden Angebotsinhalten (Nebenangebote).** Bewertung: Nach Aufwand wegen nicht bekannten Angebotsinhalten
Modelldetaillierungsgrad MDG 320 (keine Entsprechung bei LOD)		Das 3-D-Datenmodell für die Mitwirkung bei der Vergabe entspricht MDG 300. Es kann für weitere BIM-Anwendungsfälle (z.B. 4-D, 5-D-BIM) verwendet werden.

Lph Leistungsbeschreibungen der Grundleistungen nach HOAI		BIM-Leistungen und Modelldetaillierungsgrad (MDG)
Ergebnis des modellbasierten Arbeitens Lph 7 (ggf. einschl. Besonderer Leistungen)		Integrierte, qualitätsgesicherte und bereinigte Datengrundlagen zur Auftragserteilung.
8 Objektüberwachung (Bauüberwachung) und Dokumentation	**32 %**	**BIM-Leistungen (Konstruktion und Integration)**
a) Überwachen der Ausführung des Objekts auf Übereinstimmung mit der öffentlich-rechtlichen Genehmigung oder Zustimmung, den Verträgen mit ausführenden Unternehmen, den Ausführungsunterlagen, den einschlägigen Vorschriften sowie mit den allgemein anerkannten Regeln der Technik b) Überwachen der Ausführung von Tragwerken mit sehr geringen und geringen Planungsanforderungen auf Übereinstimmung mit dem Standsicherheitsnachweis c) Koordinieren der an der Objektüberwachung fachlich Beteiligten d) Aufstellen, Fortschreiben und Überwachen eines Terminplans (Balkendiagramm) e) Dokumentation des Bauablaufs (zum Beispiel Bautagebuch) f) Gemeinsames Aufmaß mit den ausführenden Unternehmen g) Rechnungsprüfung einschließlich Prüfen der Aufmaße der bauausführenden Unternehmen h) Vergleich der Ergebnisse der Rechnungsprüfungen mit den Auftragssummen einschließlich Nachträgen i) Kostenkontrolle durch Überprüfen der Leistungsabrechnung der bauausführenden Unternehmen im Vergleich zu den Vertragspreisen j) Kostenfeststellung (zum Beispiel nach DIN 276)		Zusammenstellen der aus dem Modell generierten 2-D-Ausführungspläne und Listen und/oder des 3-D-Datenmodells MDG 300 zur Übergabe an die beauftragten Firmen zur Bauausführung und als Grundlage für die Erstellung erforderlicher Werkstatt- und Montageplanungen. Sofern die Werk- und Montageplanung der ausführenden Firmen modellbasiert ausgeführt wird (MDG 400) sind diese 3-D-Datenmodelle bzw. Teilmodelle als Bestandteil der Dokumentation systematisch zusammenzustellen. **Besondere Leistungen:** **Prüfen der inhaltlichen Richtigkeit der Datengrundlagen der Fachmodelle, die der Ausführung zugrunde liegen, und Abgleich mit der tatsächlichen Ausführung in Verbindung mit beigestellten vermessungstechnischen Leistungen repräsentativ stichprobenartig oder gezielt aufgrund von Änderungen der Ausführung gegenüber der Planung.** Bewertung: Nach Aufwand **Erstellung eines BIM-As-built-Modells MDG 500. Das BIM-As-built-Modell basiert entweder auf der weiteren Fortschreibung MDG 300 auf den Stand der tatsächlichen Ausführung, durch Integration der von den mit der Bauausführung beauftragten Firmen gelieferten Bestands- und Revisionsunterlagen gem. VOB/C ATV DIN, oder auf deren fortgeschriebenen 3-D-Datenmodellen bzw. Teilmodellen MDG 400.** Hinweis: Das Vereinbaren von Realmengen zur Abrechnung setzt die vertragliche Festlegung mit den Anbietern voraus, dass die durch die Übermessungsregelungen abgedeckten Aufwendungen bei der Ausschreibung berücksichtigt werden. Bewertung: Nach Aufwand, Anforderungen ergeben sich aus den beigestellten Fachmodellen der ausführenden Firmen oder den Bestands- und Revisionsunterlagen. **Bauabrechnung anhand des 3-D-Datenmodells nach fortschreitender, elektronischer Bauaufnahme.** Bewertung: 2,0 bis 3,0 v.H.

Lph Leistungsbeschreibungen der Grundleistungen nach HOAI		BIM-Leistungen und Modelldetaillierungsgrad (MDG)
k) Organisation der Abnahme der Bauleistungen unter Mitwirkung anderer an der Planung und Objektüberwachung fachlich Beteiligter, Feststellung von Mängeln, Abnahmeempfehlung für den Auftraggeber l) Antrag auf öffentlich-rechtliche Abnahmen und Teilnahme daran m) Systematische Zusammenstellung der Dokumentation, zeichnerischen Darstellungen und rechnerischen Ergebnisse des Objekts n) Übergabe des Objekts o) Auflisten der Verjährungsfristen für Mängelansprüche p) Überwachen der Beseitigung der bei der Abnahme festgestellten Mängel		
Modelldetaillierungsgrad MDG 400, Werk- und Montageplanung der ausführenden Firma (ähnlich LOD 400)		Die als 3-D-Datenmodell oder Teilmodelle ausgeführte Werk- und Montageplanung der mit der Bauausführung beauftragten Firmen entspricht MDG 400. Hierbei werden die Modellelemente präzise und spezifisch als Bauteile bzw. Bauteilgruppen modelliert, mit Angaben über Abmessungen, Form, Lage und Ortsbezug, Mengen, Fertigungs-, Einbau- und weiteren Detailinformationen, z.B. Produktbezeichnung. Die Modellelemente können weitere nicht geometrische Informationen über Eigenschaften der Elemente enthalten.
Modelldetaillierungsgrad MDG 500, Dokumentation der ausführenden Firma oder As-built-Modell als Besondere Leistung (ähnlich LOD 500)		Das BIM-As-built-Modell enthält die verifizierte Darstellung des tatsächlich vorhandenen Objekts. Die Modellelemente sind in der realisierten Fassung modelliert, mit tatsächlichen Abmessungen, Formen, Lage und Ortsbezügen sowie mit weiteren Detailinformationen. Die Eigenschaften sind produktspezifisch auszuführen. Die Modellelemente können weitere nicht geometrische Informationen über Eigenschaften der Elemente enthalten. Im BIM-As-built-Modell werden zur Lph 8 die fachspezifischen Bauwerks-/Teilmodelle Hochbau und Technische Ausrüstung zu einem Gesamtbauwerksmodell für die Objektdokumentation zusammengeführt und in Lph 9 über die Gewährleistungsfristen fortgeschrieben. Diese Leistung kann auch als Besondere Leistung dem Objektplaner übertragen werden, der die nicht BIM-basierte Dokumentation und Revisionsunterlagen der mit der Bauausführung beauftragten Firmen in das As-built-Modell überträgt.

Lph Leistungsbeschreibungen der Grundleistungen nach HOAI		**BIM-Leistungen und Modelldetaillierungsgrad (MDG)**
Ergebnis des modellbasierten Arbeitens Lph 8 (ggf. einschl. Besonderer Leistungen)		Integrierte, qualitätsgesicherte und bereinigte Datengrundlagen MDG 300 unter Berücksichtigung der gewerkeorientierten Bearbeitung sowie die Modelle MDG 400 als Werk- und Montageplanung und MDG 500 als Dokumentation der ausführenden Firma oder als BIM-As-built-Modell.
9 Objektbetreuung	**2 %**	**BIM-Leistungen (Konstruktion und Integration)**
a) Fachliche Bewertung der innerhalb der Verjährungsfristen für Gewährleistungsansprüche festgestellten Mängel, längstens jedoch bis zum Ablauf von fünf Jahren seit Abnahme der Leistung, einschließlich notwendiger Begehungen b) Objektbegehung zur Mängelfeststellung vor Ablauf der Verjährungsfristen für Mängelansprüche gegenüber den ausführenden Unternehmen c) Mitwirken bei der Freigabe von Sicherheitsleistungen		Keine weitere Durcharbeitung des 3-D-Datenmodells in Geometrie und Eigenschaften über MDG 500 hinaus. **Besondere Leistungen:** **Ergänzung des BIM-As-built-Modells um Informationen zur Gewährleistungsverfolgung.** Bewertung: 0,5 bis 1,0 v.H. **Erstellung eines CAFM-Modells des BIM-Anwendungsfalls 6-D einschl. Bereitstellen der Datengrundlagen.** **Ergänzen des CAFM-Modells um betreiberspezifische nicht geometrische Informationen.** Bewertung: Nach Aufwand entsprechend spezifischer Anforderungen
Modelldetaillierungsgrad MDG 510, (keine Entsprechung bei LOD)		Das 3-D-Datenmodell für die Objektbetreuung entspricht MDG 500. Es kann für die in der Lph erforderlichen Datenermittlungen, z.B. Gewährleistungsverfolgung, verwendet und um weitere, nicht geometrische Informationen ergänzt werden. Nach Ablauf der Gewährleistungsfristen stellt es den Kern der digitalen Dokumentation der Baumaßnahme (Baudokumentation) dar.
Modelldetaillierungsgrad MDG 600, CAFM-Modell als Besondere Leistung (keine Entsprechung bei LOD)		Das CAFM-Modell ist auf die Übergabe und Nutzung im Gebäudebetrieb während der Betriebsphase ausgerichtet (Bestandsdokumentation). Basierend auf dem 3-D-Datenmodell MDG 500 können nicht geometrische Informationen für den Gebäudebetrieb hinzugefügt werden. Komplexe Geometrien und Informationen mit ausschließlicher Planungs- und Baurelevanz sollten entfernt bzw. bereinigt werden, um einen „schlanken" Betrieb zu ermöglichen und die Pflege des Modells zu vereinfachen. Im CAFM-Modell werden z.B. die Anforderungen der digitalen Gebäudebestandsdokumentation an Hochbau und Technische Ausrüstung umgesetzt.
Ergebnis des modellbasierten Arbeitens Lph 9 (ggf. einschl. Besonderer Leistungen)		Integrierte, qualitätsgesicherte und bereinigte Datengrundlagen als CAFM-Modell, als Grundlage für den Gebäudebetrieb. Bauliche und technische Bestandspläne (Grundrisse aller Geschosse und des nutzbaren Dachraumes, Ansichten, Dachaufsichten, Schnitte – auch durch Treppenhäuser – und technische Grundrisspläne und Schnitte) sowie alphanumerische Bestandsdaten für den Gebäudebetrieb werden aus dem CAFM-Modell abgeleitet.

5.2 Anlage 12 zu § 43 Grundleistungen – Objektplanung Ingenieurbauwerke

Lph Leistungsbeschreibungen der Grundleistungen nach HOAI		**BIM-Leistungen und Modelldetaillierungsgrad (MDG)**
		Erwähnte Besondere Leistungen sind beispielhaft und nicht abschließend! Die Festlegung der Bewertung im vorgeschlagenen Rahmen der Von-bis v.H.-Bewertung ist objektabhängig. Maßgebliche Kriterien sind die Komplexität der Aufgabenstellung, die Komplexität der Schnittstellen in Planung und Ausführung und die Anzahl der Projektbeteiligten.
1 Grundlagenermittlung	**2 %**	**BIM-Leistungen (Konstruktion und Integration)**
a) Klären der Aufgabenstellung auf Grund der Vorgaben oder der Bedarfsplanung des Auftraggebers b) Ermitteln der Planungsrandbedingungen sowie Beraten zum gesamten Leistungsbedarf c) Formulieren von Entscheidungshilfen für die Auswahl anderer an der Planung fachlich Beteiligter d) bei Objekten nach § 41 Nummer 6 und 7, die eine Tragwerksplanung erfordern: Klären der Aufgabenstellung auch auf dem Gebiet der Tragwerksplanung e) Ortsbesichtigung f) Zusammenfassen, Erläutern und Dokumentieren der Ergebnisse		Klären der Aufgabenstellung einschl. der Planungsmethode unter Berücksichtigung der Auftraggeber-Informationsanforderungen AIA und der BIM-Ablaufplanung BAP, Mitwirkung bei der projektspezifischen Anpassung und Vervollständigung des BIM-Ablaufplans, Abstimmung zum Einsatz von Modellierungs- und Prüfwerkzeugen und zum Datenaustausch, ggf. Übernahme eines Bestandsdatenmodells. **Besondere Leistungen:** **Erstellen oder Mitwirken bei der Erstellung der AIA und des BAP** Bewertung: Nach Aufwand auf Basis der Planungsgrundlage (nach § 650p BGB Planungsgrundlage mit Kosteneinschätzung) **Beraten zum gesamten Leistungsbedarf in Bezug auf mögliche BIM-Prozesse, zu Kollaborationsplattform und BIM-Software, Mitwirken bei der Erstellung des Lastenheftes der Kollaborationsplattform, Implementierung der Kollaborationsplattform im Projekt, Konzepterstellung und Durchführung von Interoperabilitätstests** Bewertung: 0,5 bis 2,0 v.H. (nach Objektanforderungen) **Erstellung eines Bestandsdatenmodells als Grundlage des BIM-Prozesses, z.B. auf Grundlage vermessungstechnischer Verfahren** Bewertung: Nach Aufwand wegen unterschiedlicher Grundlagen und Anforderungen
Modelldetaillierungsgrad MDG 010 (keine Entsprechung bei LOD)		Keine modellspezifischen Anforderungen
Ergebnis des modellbasierten Arbeitens Lph 1 (ggf. einschl. Besonderer Leistungen)		Projektspezifische BAP und Datengrundlagen

Lph Leistungsbeschreibungen der Grundleistungen nach HOAI		**BIM-Leistungen und Modelldetaillierungsgrad (MDG)**
2 Vorplanung (Projekt- und Planungsvorbereitung)	**20 %***	**BIM-Leistungen (Konstruktion und Integration)**
a) Analysieren der Grundlagen b) Abstimmen der Zielvorstellungen auf die öffentlich-rechtlichen Randbedingungen sowie Planungen Dritter c) Untersuchen von Lösungsmöglichkeiten mit ihren Einflüssen auf bauliche und konstruktive Gestaltung, Zweckmäßigkeit, Wirtschaftlichkeit unter Beachtung der Umweltverträglichkeit d) Beschaffen und Auswerten amtlicher Karten e) Erarbeiten eines Planungskonzepts einschließlich Untersuchung der alternativen Lösungsmöglichkeiten nach gleichen Anforderungen mit zeichnerischer Darstellung und Bewertung unter Einarbeitung der Beiträge anderer an der Planung fachlich Beteiligter f) Klären und Erläutern der wesentlichen fachspezifischen Zusammenhänge, Vorgänge und Bedingungen g) Vorabstimmen mit Behörden und anderen an der Planung fachlich Beteiligten über die Genehmigungsfähigkeit, gegebenenfalls Mitwirken bei Verhandlungen über die Bezuschussung und Kostenbeteiligung h) Mitwirken beim Erläutern des Planungskonzepts gegenüber Dritten an bis zu zwei Terminen i) Überarbeiten des Planungskonzepts nach Bedenken und Anregungen j) Kostenschätzung, Vergleich mit den finanziellen Rahmenbedingungen k) Zusammenfassen, Erläutern und Dokumentieren der Ergebnisse		Mitwirkung bei der Fortschreibung des projektspezifischen BAP, Festlegungen zum Einsatz von Modellierungs- und Prüfwerkzeugen und zum Datenaustausch. Erstellen eines bauteilorientierten 3-D-Datenmodells (Referenzmodell) einschl. räumlicher Einordnung in die Umgebung. Schematisch/generisch als Symbol oder Ersatzgeometrie im Modell darzustellen sind alle Räume mit eindeutiger Bezeichnung und alle wesentlichen Konstruktionsbauteile. Anlegen der Eigenschaftsdatensätze und Einfügen der im Zuge der Vorentwurfsplanung erarbeiteten Informationen. Basis: Bauelemente nach DIN 276, zweite Ebene. Das 3-D-Datenmodell ist den anderen an der Planung fachlich Beteiligten als Planungsgrundlage zur Verfügung zu stellen. Deren Leistungen bzw. Ergebnisse der Planung in Fachmodellen sind in das 3-D-Modell zu integrieren, soweit diese Informationen oder Bauelemente enthalten, die Bestandteil des Objektmodells Gebäude werden. Dies sind z.B. folgende Anforderungen: – Tragwerksplanung: Raster/Konstruktionsprinzip, Bauteilvordimensionierung, Materialangaben – Technische Ausrüstung: Haupttrassen, Schächte, Installationshohlräume – Brandschutz: Grobkonzeption Anhand des 3-D-Datenmodells erfolgen u.a.: – Grobmengenermittlung für die Kostenschätzung nach DIN 276 – NUF/BGF/BRI-Ermittlung zum Abgleich der Flächenwirtschaftlichkeit nach DIN 277 – Modellbasierte Konsistenz- und Kollisionsprüfungen innerhalb des Leistungsbereichs Objektplanung **Besondere Leistungen:** **Implementierung der Fachmodelle in das Gesamtmodell zu leistungsbereichsübergreifenden Konsistenz- und Kollisionsprüfungen** Bewertung: BIM-Koordination 1,0 bis 2,0 v.H. **Zuordnung von Raumeigenschaften und Ausstattungen (Anforderungsraumbuch) in dem 3-D-Gebäudemodell** Bewertung: 1,5 bis 2,5 v.H. **Attribuierung von Bauteilen und Elementen nach besonderen Anforderungen des Auftraggebers** Bewertung: Nach Aufwand entsprechend festzulegender Anforderungen
		* **Hinweis: Die Bewertung der Lph ist nach § 43 Abs. 2 und 3 im Einzelfall anzupassen.**

Lph Leistungsbeschreibungen der Grundleistungen nach HOAI		**BIM-Leistungen und Modelldetaillierungsgrad (MDG)**
Modelldetaillierungsgrad MDG 100 (ähnlich LOD 100)		3-D-Datenmodell als Objektmodell, Programmumsetzung mit Benennung, insbesondere mit Geschosshöhen, allgemeiner Beschreibung von Objekttypen und Bauteileigenschaften.
Ergebnis des modellbasierten Arbeitens Lph 2 (ggf. einschl. Besonderer Leistungen)		Integriertes, qualitätsgesichertes und bereinigtes 3-D-Datenmodell als führender Informationsträger für die anderen an der Planung fachlich Beteiligten und Ausgangsbasis für folgende Lph.
3 Entwurfsplanung (System- und Integrationsplanung)	**25 %**	**BIM-Leistungen (Konstruktion und Integration)**
a) Erarbeiten des Entwurfs auf Grundlage der Vorplanung durch zeichnerische Darstellung im erforderlichen Umfang und Detaillierungsgrad unter Berücksichtigung aller fachspezifischen Anforderungen, Bereitstellen der Arbeitsergebnisse als Grundlage für die anderen an der Planung fachlich Beteiligten, sowie Integration und Koordination der Fachplanungen b) Erläuterungsbericht unter Verwendung der Beiträge anderer an der Planung fachlich Beteiligter c) fachspezifische Berechnungen, ausgenommen Berechnungen aus anderen Leistungsbildern d) Ermitteln und Begründen der zuwendungsfähigen Kosten, Mitwirken beim Aufstellen des Finanzierungsplans sowie Vorbereiten der Anträge auf Finanzierung e) Mitwirken beim Erläutern des vorläufigen Entwurfs gegenüber Dritten an bis zu drei Terminen, Überarbeiten des vorläufigen Entwurfs auf Grund von Bedenken und Anregungen f) Vorabstimmen der Genehmigungsfähigkeit mit Behörden und anderen an der Planung fachlich Beteiligten g) Kostenberechnung einschließlich zugehöriger Mengenermittlung, Vergleich der Kostenberechnung mit der Kostenschätzung		Durcharbeitung des 3-D-Datenmodells auf Grundlage der Erarbeitung der Vorplanung bis zur Bearbeitungstiefe der fertigen Entwurfsplanung. Dazu zählen u.a. die Festlegung der Fassadengeometrie, der Höhenentwicklung und der Bauteildefinitionen mit den entsprechenden Eigenschaften. Bauteile sind mehrschalig anzulegen. Fortschreiben der Eigenschaftsdatensätze und Einfügen der im Zuge der Entwurfsplanung erarbeiteten Informationen. Das 3-D-Datenmodell ist den anderen an der Planung fachlich Beteiligten als Planungsgrundlage zur Verfügung zu stellen. Deren Leistungen bzw. Ergebnisse der Planung in Fachmodellen sind in das 3-D-Modell zu integrieren, soweit diese Informationen oder Bauelemente enthalten, die Bestandteil des Objektmodells Gebäude werden. Dies sind z.B. folgende Anforderungen: – Tragwerksplanung: Bauteildimensionierung, Materialangaben, konstruktiv relevante Bauteilöffnungen – Technische Ausrüstung: Konstruktiv relevante Bauteilöffnungen, Installationszonen – Brandschutz: Bauteilanforderungen, Konzeption Brandschutz – Bauphysikalische Daten: Maßgebliche Eigenschaften Anhand des 3-D-Datenmodells erfolgen u.a.: – Festlegung der Qualitäten für die Kostenberechnung nach DIN 276 – Mengenermittlung als Grundlage der Kostenberechnung nach DIN 276 – Modellbasierte Konsistenz- und Kollisionsprüfungen innerhalb des Leistungsbereichs Objektplanung **Besondere Leistungen:** **Leistungsbereichsübergreifende Konsistenz- und Kollisionsprüfung** Bewertung: BIM-Koordination 2,0 bis 3,0 v.H.

Lph Leistungsbeschreibungen der Grundleistungen nach HOAI		BIM-Leistungen und Modelldetaillierungsgrad (MDG)
h) Ermitteln der wesentlichen Bauphasen unter Berücksichtigung der Verkehrslenkung und der Aufrechterhaltung des Betriebes während der Bauzeit i) Bauzeiten- und Kostenplan j) Zusammenfassen, Erläutern und Dokumentieren der Ergebnisse		**BIM-Anwendungsfälle 4-D und 5-D:** **Modellbasierte Terminplanung/Bauablaufsimulation** Bewertung: 1,0 bis 2,5 v.H. **Modellbasierte Kostenkontrolle** Bewertung: 1,0 bis 2,5 v.H. **Ergänzung der Modellelemente um betriebsrelevante Eigenschaften** Bewertung: Nach Aufwand
Modelldetaillierungsgrad MDG 200 (ähnlich LOD 200)		3-D-Datenmodell (Architekturmodell), mit im Wesentlichen vollständiger Objekt- und Bauteilgeometrie, mit detaillierten Qualitäts- und Materialangaben (i.d.R. alphanumerisch). Die Attribuierung ist produktneutral auszuführen.
Ergebnis des modellbasierten Arbeitens Lph 3 (ggf. einschl. Besonderer Leistungen)		Integriertes, qualitätsgesichertes und bereinigtes 3-D-Datenmodell als Ausgangsbasis für folgende Lph, aus dem der Informationstiefe der Lph entsprechend 2-D-Entwurfszeichnungen generiert werden. Es muss als Referenzmodell für die anderen an der Planung fachlich Beteiligten und für die Anwendung der BCF-Methode geeignet sein.
4 Genehmigungsplanung	**5 %***	**BIM-Leistungen (Konstruktion und Integration)**
a) Erarbeiten und Zusammenstellen der Unterlagen für die erforderlichen öffentlich-rechtlichen Verfahren oder Genehmigungsverfahren einschließlich der Anträge auf Ausnahmen und Befreiungen, Aufstellen des Bauwerksverzeichnisses unter Verwendung der Beiträge anderer an der Planung fachlich Beteiligter b) Erstellen des Grunderwerbsplanes und des Grunderwerbsverzeichnisses unter Verwendung der Beiträge anderer an der Planung fachlich Beteiligter c) Vervollständigen und Anpassen der Planungsunterlagen, Beschreibungen und Berechnungen unter Verwendung der Beiträge anderer an der Planung fachlich Beteiligter d) Abstimmen mit Behörden		Keine weitere Durcharbeitung des 3-D-Datenmodells in Geometrie und Eigenschaften. Ggf. Ergänzen und Anpassen des 3-D-Datenmodells, soweit Anpassungen oder Änderungen aus dem Genehmigungsprozess erforderlich werden. Anhand des 3-D-Datenmodells erfolgen u.a.: Erarbeitung der Vorlagen (Planungsunterlagen und Berechnungen), wie sie sich aus den öffentlich-rechtlichen Anforderungen an Genehmigungsunterlagen ergeben, im Wesentlichen durch Ableiten aus dem 3-D-Datenmodell.
		* **Hinweis: Die Bewertung der Lph ist nach § 43 Abs. 2 und 3 im Einzelfall anzupassen.**

Lph Leistungsbeschreibungen der Grundleistungen nach HOAI		BIM-Leistungen und Modelldetaillierungsgrad (MDG)
e) Mitwirken in Genehmigungsverfahren einschließlich der Teilnahme an bis zu vier Erläuterungs-/Erörterungsterminen f) Mitwirken beim Abfassen von Stellungnahmen zu Bedenken und Anregungen in bis zu zehn Kategorien		
Modelldetaillierungsgrad MDG 210 (keine Entsprechung bei LOD)		Das 3-D-Datenmodell für die Genehmigungsplanung entspricht in der Geometrie MDG 200. Die Attribuierung ist produktneutral und ggf. im Ergebnis der Genehmigungsplanung anzupassen bzw. zu ergänzen.
Ergebnis des modellbasierten Arbeitens Lph 4		Integriertes, qualitätsgesichertes und bereinigtes 3-D-Datenmodell, aus dem der Informationstiefe der Lph entsprechend 2-D-Genehmigungszeichnungen und weitere Vorlagen generiert werden.
5 Ausführungsplanung	**15 %***	**BIM-Leistungen (Konstruktion und Integration)**
a) Erarbeiten der Ausführungsplanung auf Grundlage der Ergebnisse der Leistungsphasen 3 und 4 unter Berücksichtigung aller fachspezifischen Anforderungen und Verwendung der Beiträge anderer an der Planung fachlich Beteiligter bis zur ausführungsreifen Lösung b) Zeichnerische Darstellung, Erläuterungen und zur Objektplanung gehörige Berechnungen mit allen für die Ausführung notwendigen Einzelangaben einschließlich Detailzeichnungen in den erforderlichen Maßstäben c) Bereitstellen der Arbeitsergebnisse als Grundlage für die anderen an der Planung fachlich Beteiligten und Integrieren ihrer Beiträge bis zur ausführungsreifen Lösung d) Vervollständigen der Ausführungsplanung während der Objektausführung		Durcharbeiten des 3-D-Datenmodells auf Grundlage der Entwurfs- und Genehmigungsplanung bis zum Darstellen der ausführungsreifen Lösung und als Grundlage für Lph 6. Definition der endgültigen Gebäude- bzw. Bauteilgeometrie und Materialität. Fortschreiben der Eigenschaftsdatensätze, Übernahme der im Zuge der Ausführungsplanung erarbeiteten Informationen. Das 3-D-Datenmodell ist den anderen an der Planung fachlich Beteiligten als Planungsgrundlage bzw. als Referenzmodell zur Verfügung zu stellen. Deren Leistungen bzw. Ergebnisse der Planung in Fachmodellen oder weitere Angaben sind in das 3-D-Modell zu integrieren. Dies sind z.B. folgende Anforderungen: – Tragwerksplanung: Endgültige Bauteildimensionierung, Materialangaben, Einbauteile – Technische Ausrüstung: Durchbrüche, Schlitze, Einbauteile, Installationszonen – Brandschutz: Endgültige Bauteilanforderungen – Bauphysikalische Daten: Endgültige Eigenschaften Anhand des 3-D-Datenmodells erfolgen u.a.: – Fortschreibung der Qualitäten und Mengen als Grundlage für das Erstellen der Leistungsbeschreibungen in Lph 6 – Fortschreiben des Ausführungsplanungsmodells MDG 300 aufgrund der gewerkeorientierten Bearbeitung während der Objektausführung – Modellbasierte Konsistenz- und Kollisionsprüfungen innerhalb des Leistungsbereichs Objektplanung
		*** Hinweis: Die Bewertung der Lph ist nach § 43 Abs. 2 und 3 im Einzelfall anzupassen.**

Lph Leistungsbeschreibungen der Grundleistungen nach HOAI		BIM-Leistungen und Modelldetaillierungsgrad (MDG)
		Besondere Leistungen: **Leistungsbereichsübergreifende Konsistenz- und Kollisionsprüfung und Bereitstellen eines koordinierten Datenmodells für die Ausführung.** Bewertung: BIM-Koordination 2,0 bis 3,0 v.H. **Modellbasierte Terminplanung, Bauablaufsimulation und Kostenkontrolle (BIM-Anwendungsfälle 4-D und 5-D).** Bewertung: Als Fortschreibung Lph 3 jeweils 0,5 bis 1,0 v.H. **Ergänzung der Modellelemente um betriebsrelevante Eigenschaften.** Bewertung: Nach Aufwand **Weiterentwicklung des Datenmodells in einem an die spezifischen Anforderungen der beauftragten Firmen angepassten Format zur Herstellung von Werkstatt- und Montagezeichnungen.** Bewertung: Nach Aufwand, spezifische Anforderungen können erst nach Beauftragung der ausführenden Firmen festgelegt werden. **Prüfen der Werk- und Montageplanung eines ausführenden Unternehmens auf Datenkonformität.** Bewertung: Nach Aufwand
Modelldetaillierungsgrad MDG 300 (ähnlich LOD 300)		3-D-Datenmodell mit detaillierter, spezifischer und ausführungsreifer Modellierung von Bauteilen und Bauteilgruppen, mit präzisen Angaben zu Abmessungen, Form, Lage und Ortsbezug sowie Mengen. Die Attribuierung ist produktneutral auszuführen.
Ergebnis des modellbasierten Arbeitens Lph 5 (ggf. einschl. Besonderer Leistungen)		Integriertes, qualitätsgesichertes und bereinigtes 3-D-Datenmodell als Ausgangsbasis für folgende Lph, aus dem der Informationstiefe der Lph entsprechend 2-D-Ausführungszeichnungen sowie Grundlagen für Detail- und Konstruktionszeichnungen in 2-D-Darstellung generiert werden. Es dient als Grundlage zur Fortschreiben der Ausführungsplanung aufgrund der gewerkeorientierten Bearbeitung während der Objektausführung und zur Erstellung der Werkstatt- und Montagepläne der ausführenden Firmen.
6 Vorbereitung der Vergabe	**13 %**	**BIM-Leistungen (Konstruktion und Integration)**
a) Ermitteln von Mengen nach Einzelpositionen unter Verwendung der Beiträge anderer an der Planung fachlich Beteiligter b) Aufstellen der Vergabeunterlagen, insbesondere Anfertigen der Leistungsbeschreibungen mit Leistungsverzeichnissen sowie der Besonderen Vertragsbedingungen		Keine weitere Durcharbeitung des 3-D-Datenmodells in Geometrie und Eigenschaftsdatensätzen über MDG 300 hinaus. Anhand des 3-D-Datenmodells erfolgen u.a.: – Detaillierte Mengenermittlung aus dem Modell, Zusammenstellen von Quantitäten und Qualitäten, unter Verwendung der Ergebnisse anderer an der Planung fachlich Beteiligter und deren Fachmodelle, u.a. als Grundlage für die Leistungsverzeichnisse

Lph Leistungsbeschreibungen der Grundleistungen nach HOAI		**BIM-Leistungen und Modelldetaillierungsgrad (MDG)**
c) Abstimmen und Koordinieren der Schnittstellen zu den Leistungsbeschreibungen der anderen an der Planung fachlich Beteiligten d) Festlegen der wesentlichen Ausführungsphasen e) Ermitteln der Kosten auf Grundlage der vom Planer (Entwurfsverfasser) bepreisten Leistungsverzeichnisse f) Kostenkontrolle durch Vergleich der vom Planer (Entwurfsverfasser) bepreisten Leistungsverzeichnisse mit der Kostenberechnung g) Zusammenstellen der Vergabeunterlagen		– Ausgabe von Bauteil-, Bauelementlisten, Grundlagen für Fenster- und Türlisten – Bereitstellen des integrierten, qualitätsgesicherten 3-D-Datenmodells der Lph 5 mit produktneutralen Eigenschaften in geeigneten Datenformaten in Ergänzung der Vergabeunterlagen Hinweis: Das Vereinbaren von Realmengen setzt die vertragliche Festlegung mit den Anbietern voraus, dass die durch die Übermessungsregelungen abgedeckten Aufwendungen bei der Ausschreibung berücksichtigt werden. **Besondere Leistungen:** **Modellbasierte Terminplanung und Bauablaufsimulation (BIM-Anwendungsfall 4-D)** Bewertung: Als Fortschreibung Lph 5 0,5 bis 1,0 v.H. **Erstellung eines AVA-Modells mit Leistungen und Kostendaten einschl. modellbasierter Kostenkontrolle (BIM-Anwendungsfall 5-D) durch Verknüpfung der Listen und modellbasierter Mengen mit Einheitspreisen zum Abgleich mit der Kostenberechnung.** Bewertung: 2,5 bis 3,5 v. H.
Modelldetaillierungsgrad MDG 310 (keine Entsprechung bei LOD)		Das 3-D-Datenmodell für die Vorbereitung der Vergabe entspricht MDG 300. Es kann für die in der Lph erforderlichen Datenermittlungen und weitere BIM-Anwendungsfälle verwendet werden.
Ergebnis des modellbasierten Arbeitens Lph 6 (ggf. einschl. Besonderer Leistungen)		Modellbasierte Mengenermittlungen und Generieren nicht grafischer Informationen für das Aufstellen von Leistungsbeschreibungen mit Leistungsverzeichnissen.
7 Mitwirkung bei der Vergabe	**4 %**	**BIM-Leistungen (Konstruktion und Integration)**
a) Einholen von Angeboten b) Prüfen und Werten der Angebote, Aufstellen des Preisspiegels c) Abstimmen und Zusammenstellen der Leistungen der fachlich Beteiligten, die an der Vergabe mitwirken d) Führen von Bietergesprächen e) Erstellen der Vergabevorschläge, Dokumentation des Vergabeverfahrens f) Zusammenstellen der Vertragsunterlagen		Keine weitere Durcharbeitung des 3-D-Datenmodells in Geometrie und Eigenschaften über MDG 300 hinaus. Anhand des 3-D-Datentauschmodells erfolgen u.a.: Erläuterungen zum 3-D-Datenmodell im Rahmen von Bietergesprächen

Lph Leistungsbeschreibungen der Grundleistungen nach HOAI		BIM-Leistungen und Modelldetaillierungsgrad (MDG)
g) Vergleichen der Ausschreibungsergebnisse mit den vom Planer bepreisten Leistungsverzeichnissen und der Kostenberechnung h) Mitwirken bei der Auftragserteilung		**Besondere Leistungen:** **Ermitteln des Anpassungs- und Fortschreibungsbedarfs des 3-D-Datenmodells aufgrund produktspezifischer Angaben bei von der Ausschreibung abweichenden Angebotsinhalten (Nebenangeboten).** Bewertung: Nach Aufwand
Modelldetaillierungsgrad MDG 320 (keine Entsprechung bei LOD)		Das 3-D-Datenmodell für die Mitwirkung bei der Vergabe entspricht MDG 300. Es kann für die in der Lph erforderlichen Datenermittlungen und weitere BIM-Anwendungsfälle verwendet werden.
Ergebnis des modellbasierten Arbeitens Lph 7 (ggf. einschl. Besonderer Leistungen)		Integrierte, qualitätsgesicherte und bereinigte Datengrundlagen zur Auftragserteilung
8 Bauoberleitung	**15 %**	**BIM-Leistungen (Konstruktion und Integration)**
a) Aufsicht über die örtliche Bauüberwachung, Koordinierung der an der Objektüberwachung fachlich Beteiligten, einmaliges Prüfen von Plänen auf Übereinstimmung mit dem auszuführenden Objekt und Mitwirken bei deren Freigabe b) Aufstellen, Fortschreiben und Überwachen eines Terminplans (Balkendiagramm) c) Veranlassen und Mitwirken beim Inverzugsetzen der ausführenden Unternehmen d) Kostenfeststellung, Vergleich der Kostenfeststellung mit der Auftragssumme e) Abnahme von Bauleistungen, Leistungen und Lieferungen unter Mitwirkung der örtlichen Bauüberwachung und anderer an der Planung und Objektüberwachung fachlich Beteiligter, Feststellen von Mängeln, Fertigung einer Niederschrift über das Ergebnis der Abnahme f) Überwachen der Prüfungen der Funktionsfähigkeit der Anlagenteile und der Gesamtanlage g) Antrag auf behördliche Abnahmen und Teilnahme daran		Zusammenstellen der aus dem Modell generierten 2-D-Ausführungspläne und Listen und/oder des 3-D-Datenmodells MDG 300 zur Übergabe an die beauftragten Firmen zur Bauausführung und als Grundlage für die Erstellung erforderlicher Werkstatt- und Montageplanungen. Sofern die Werk- und Montageplanung der ausführenden Firmen modellbasiert ausgeführt wird (MDG 400) sind diese 3-D-Datenmodelle bzw. Teilmodelle als Bestandteil der Dokumentation systematisch zusammenzustellen. **Besondere Leistungen:** **Prüfen der inhaltlichen Richtigkeit der Datengrundlagen der Fachmodelle, die der Ausführung zugrunde liegen und Abgleich mit der tatsächlichen Ausführung in Verbindung mit beigestellten vermessungstechnischen Leistungen repräsentativ stichprobenartig oder gezielt aufgrund von Änderungen der Ausführung gegenüber der Planung.** Bewertung: Nach Aufwand **Erstellung eines BIM-As-built-Modells MDG 500. Das BIM-As-built-Modell basiert entweder auf der weiteren Fortschreibung MDG 300 auf dem Stand der tatsächlichen Ausführung, durch Integration der von den mit der Bauausführung beauftragten Firmen gelieferten Bestands- und Revisionsunterlagen gem. VOB/C ATV DIN, oder auf deren fortgeschriebenen 3-D-Datenmodellen bzw. Teilmodellen MDG 400.** Bewertung: Nach Aufwand. Anforderungen ergeben sich aus den beigestellten Fachmodellen der ausführenden Firmen oder den Bestands- und Revisionsunterlagen.

Lph Leistungsbeschreibungen der Grundleistungen nach HOAI		BIM-Leistungen und Modelldetaillierungsgrad (MDG)
h) Übergabe des Objekts i) Auflisten der Verjährungsfristen der Mängelansprüche j) Zusammenstellen und Übergeben der Dokumentation des Bauablaufs, der Bestandsunterlagen und der Wartungsvorschriften		**Bauabrechnung anhand des 3-D-Datenmodells nach fortschreitender, elektronischer Bauaufnahme.** Hinweis: Das Vereinbaren von Realmengen zur Abrechnung setzt die vertragliche Festlegung mit den Anbietern voraus, dass die durch die Übermessungsregelungen abgedeckten Aufwendungen bei der Ausschreibung berücksichtigt werden. Bewertung: 2,0 bis 3,0 v.H.
Modelldetaillierungsgrad MDG 400, Werk- und Montageplanung der ausführenden Firma (ähnlich LOD 400)		Die als 3-D-Datenmodell oder Teilmodelle ausgeführte Werk- und Montageplanung der mit der Bauausführung beauftragten Firmen entspricht MDG 400. Hierbei werden die Modellelemente präzise und spezifisch als Bauteile bzw. Bauteilgruppen modelliert, mit präzisen Angaben über Abmessungen, Form, Lage und Ortsbezug, Mengen, Fertigungs-, Einbau- und weiteren Detailinformationen, z.B. Produktbezeichnung. Die Modellelemente können weitere nicht geometrische Informationen über Eigenschaften der Elemente enthalten.
Modelldetaillierungsgrad MDG 500, Dokumentation der ausführenden Firma oder As-built-Modell als Besondere Leistung (ähnlich LOD 500)		Das BIM-As-built-Modell enthält die verifizierte Darstellung des tatsächlich vorhandenen Objekts. Die Modellelemente sind in der realisierten Fassung modelliert, mit tatsächlichen Abmessungen, Formen, Lage und Ortsbezügen sowie mit weiteren Detailinformationen. Die Eigenschaften sind produktspezifisch auszuführen. Die Modellelemente können weitere nicht geometrische Informationen über Eigenschaften der Elemente enthalten. Im BIM-As-built-Modell werden zur Lph 8 die fachspezifischen Bauwerks-/Teilmodelle Hochbau und Technische Ausrüstung zu einem Gesamtbauwerksmodell für die Objektdokumentation zusammengeführt und in Lph 9 über die Gewährleistungsfristen fortgeschrieben. Diese Leistung kann auch als Besondere Leistung dem Objektplaner übertragen werden, der die nicht BIM-basierte Dokumentation und Revisionsunterlagen der mit der Bauausführung beauftragten Firmen in das As-built-Modell überträgt.
Ergebnis des modellbasierten Arbeitens Lph 8 (ggf. einschl. Besonderer Leistungen)		Integrierte, qualitätsgesicherte und bereinigte Datengrundlagen MDG 300 unter Berücksichtigung der gewerkeorientierten Bearbeitung sowie die Modelle MDG 400 als Werk- und Montageplanung und MDG 500 als Dokumentation der ausführenden Firma oder als BIM-As-built-Modell.

Lph Leistungsbeschreibungen der Grundleistungen nach HOAI		BIM-Leistungen und Modelldetaillierungsgrad (MDG)
9 Objektbetreuung	**1 %**	**BIM-Leistungen (Konstruktion und Integration)**
a) Fachliche Bewertung der innerhalb der Verjährungsfristen für Gewährleistungsansprüche festgestellten Mängel, längstens jedoch bis zum Ablauf von fünf Jahren seit Abnahme der Leistung, einschließlich notwendiger Begehungen b) Objektbegehung zur Mängelfeststellung vor Ablauf der Verjährungsfristen für Mängelansprüche gegenüber den ausführenden Unternehmen c) Mitwirken bei der Freigabe von Sicherheitsleistungen		Keine weitere Durcharbeitung des 3-D-Datenmodells in Geometrie und Eigenschaften über MDG 500 hinaus. **Besondere Leistungen:** **Ergänzung des BIM-As-built-Modells um Informationen aus der Gewährleistungsverfolgung.** Bewertung: 0,5 bis 1,0 v.H. **Erstellung eines CAFM-Modells des BIM-Anwendungsfalls 6-D einschl. Bereitstellen der Datengrundlagen.** **Ergänzen des CAFM-Modells um betreiberspezifische nicht geometrische Informationen.** Bewertung: Nach Aufwand entsprechend spezifischer Anforderungen
Modelldetaillierungsgrad MDG 510 (keine Entsprechung bei LOD)		Das 3-D-Datenmodell für die Objektbetreuung entspricht MDG 500. Es kann für die in der Lph erforderlichen Datenermittlungen, z.B. Mängelverfolgung, verwendet und um weitere, nicht geometrische Informationen ergänzt werden. Nach Ablauf der Gewährleistungsfristen stellt es den Kern der digitalen Dokumentation der Baumaßnahme (Baudokumentation) dar.
Modelldetaillierungsgrad MDG 600 als Besondere Leistung (keine Entsprechung bei LOD)		Das CAFM-Modell ist auf die Übergabe und Nutzung im Gebäudebetrieb während der Betriebsphase ausgerichtet (Bestandsdokumentation). Basierend auf dem 3-D-Datenmodell MDG 500 können nicht geometrische Informationen für den Gebäudebetrieb hinzugefügt werden. Komplexe Geometrien und Informationen mit ausschließlicher Planungs- und Baurelevanz sollten entfernt bzw. bereinigt werden, um einen „schlanken" Betrieb zu ermöglichen und die Pflege des Modells zu vereinfachen. Im CAFM-Modell werden z.B. die Anforderungen der digitalen Gebäudebestandsdokumentation an Objekt und Technische Ausrüstung umgesetzt.
Ergebnis des modellbasierten Arbeitens Lph 9 (ggf. einschl. Besonderer Leistungen)		Integrierte, qualitätsgesicherte und bereinigte Datengrundlagen als CAFM-Modell, als Grundlage für den Betrieb des Objekts. Bauliche und technische Bestandspläne (Grundrisse aller Geschosse und des nutzbaren Dachraumes, Ansichten, Dachaufsichten, Schnitte – auch durch Treppenhäuser – und technische Grundrisspläne und Schnitte) sowie alphanumerische Bestandsdaten für den Betrieb des Objekts werden aus dem CAFM-Modell abgeleitet.

5.3 Anlage 14 zu § 51 Grundleistungen – Fachplanung Tragwerksplanung

Lph Leistungsbeschreibungen der Grundleistungen nach HOAI		BIM-Leistungen und Modelldetaillierungsgrad (MDG)
		Erwähnte Besondere Leistungen sind beispielhaft und nicht abschließend! Die Festlegung der Bewertung im vorgeschlagenen Rahmen der Von-bis-v.H.-Bewertung ist objektabhängig. Maßgebliche Kriterien sind die Komplexität der Aufgabenstellung, die Komplexität der Schnittstellen in Planung und Ausführung und die Anzahl der Projektbeteiligten.
1 Grundlagenermittlung	**3 %**	**BIM-Leistungen (Konstruktion und Integration)**
a) Klären der Aufgabenstellung auf Grund der Vorgaben oder der Bedarfsplanung des Auftraggebers im Benehmen mit dem Objektplaner b) Zusammenstellen der die Aufgabe beeinflussenden Planungsabsichten c) Zusammenfassen, Erläutern und Dokumentieren der Ergebnisse		Klären der Aufgabenstellung einschl. der Planungsmethode unter Berücksichtigung der Auftraggeber-Informationsanforderungen AIA und der BIM-Ablaufplanung BAP, Mitwirkung bei der fachspezifischen Anpassung und Vervollständigung des BIM-Ablaufplans, Abstimmung zum Einsatz von Modellierungs- und Prüfwerkzeugen und zum Datenaustausch, ggf. Übernahme eines Bestandsdatenmodells. **Besondere Leistungen:** **Erstellen oder Mitwirken bei der Erstellung der AIA und des BAP** Bewertung: Nach Aufwand auf Basis der Planungsgrundlage (nach § 650p BGB Planungsgrundlage mit Kosteneinschätzung) **Beraten zum tragwerksplanerischen Leistungsbedarf in Bezug auf mögliche BIM-Prozesse, zu Kollaborationsplattform und BIM-Software, Mitwirken bei der Erstellung des Lastenheftes der Kollaborationsplattform, Implementierung der Kollaborationsplattform im Projekt, Konzepterstellung und Durchführung von Interoperabilitätstests** Bewertung: 0,5 bis 1,0 v.H. (nach Objektanforderungen) **Mitwirken für die Tragwerksplanung bei der Erstellung eines Bestandsdatenmodells als Grundlage des BIM-Prozesses, z.B. auf Grundlage vermessungstechnischer Verfahren** Bewertung: Nach Aufwand wegen unterschiedlicher Grundlagen und Anforderungen
Modelldetaillierungsgrad MDG 010 (keine Entsprechung bei LOD)		Keine modellspezifischen Anforderungen
Ergebnis des modellbasierten Arbeitens Lph 1 (ggf. einschl. Besonderer Leistungen)		Projektspezifische BAP und Datengrundlagen

Lph Leistungsbeschreibungen der Grundleistungen nach HOAI		BIM-Leistungen und Modelldetaillierungsgrad (MDG)
2 Vorplanung (Projekt- und Planungsvorbereitung)	**10 %**	**BIM-Leistungen (Konstruktion und Integration)**
a) Analysieren der Grundlagen b) Beraten in statisch-konstruktiver Hinsicht unter Berücksichtigung der Belange der Standsicherheit, der Gebrauchsfähigkeit und der Wirtschaftlichkeit c) Mitwirken bei dem Erarbeiten eines Planungskonzepts einschließlich Untersuchung der Lösungsmöglichkeiten des Tragwerks unter gleichen Objektbedingungen mit skizzenhafter Darstellung, Klärung und Angabe der für das Tragwerk wesentlichen konstruktiven Festlegungen für zum Beispiel Baustoffe, Bauarten und Herstellungsverfahren, Konstruktionsraster und Gründungsart d) Mitwirken bei Vorverhandlungen mit Behörden und anderen an der Planung fachlich Beteiligten über die Genehmigungsfähigkeit e) Mitwirken bei der Kostenschätzung und bei der Terminplanung f) Zusammenfassen, Erläutern und Dokumentieren der Ergebnisse		Mitwirkung bei der Fortschreibung der projektspezifischen BAP-Festlegungen zum Einsatz von Modellierungs- und Prüfwerkzeugen und zum Datenaustausch. Erstellung eines Fachmodells (grobes Tragwerksmodell bestehend aus Skizzen, Berechnungen, Plänen, in der Regel unabhängig vom 3-D-Datenmodell der Objektplanung). Zuliefern von Ergebnissen bzw. Attributen an das bauteilorientierte 3-D-Datenmodell der Objektplanung entsprechend der Planungstiefe der Lph (z.B. Raster, Konstruktionsprinzipien, Unterscheidung nach tragenden und nicht tragenden Elementen – soweit nicht durch den Objektplaner bestimmt, ggf. wesentliche Einwirkungen, wesentliche Abmessungen des Tragwerks, Baustoffe, Gründungsmöglichkeiten etc.); Skizzenhafte Darstellung ggf. anhand digitaler Modelle; Mitwirkung bei der Kostenschätzung ggf. anhand digitaler Modelle. **Besondere Leistungen:** **Untersuchung von alternativen Lösungsmöglichkeiten nach verschiedenen Anforderungen unter Verwendung mehrerer Fachmodelle;** **Erhöhte geometrische oder semantische Informationstiefe** Bewertung: Nach Aufwand **In das Objektplanungsmodell integriertes und dazu vervollständigtes Datenmodell der Tragwerkplanung** Bewertung: Nach Aufwand **Mitwirkung bei Implementierung der Fachmodelle in das Gesamtmodell für leistungsbereichsübergreifende Konsistenz- und Kollisionsprüfungen** Bewertung: BIM-Koordination 1,0 bis 2,0 v.H. **Mitwirkung bei der Zuordnung von Raumeigenschaften und Ausstattungen (Anforderungsraumbuch) in dem 3-D-Gebäudemodell** Bewertung: 0,5 bis 1,0 v.H. **Mitwirkung bei der Attribuierung von Bauteilen und Elementen nach besonderen Anforderungen des Auftraggebers** Bewertung: Nach Aufwand entsprechend festzulegender Anforderungen
Modelldetaillierungsgrad MDG 100 (ähnlich LOD 100)		Keine modellspezifischen Anforderungen
Ergebnis des modellbasierten Arbeitens Lph 2 (ggf. einschl. Besonderer Leistungen)		3-D-Datenmodell der Objektplanung einschl. Attribuierungen zu Tragsystemen und Einwirkungen sowie Bauteilabmessungen und Baustoffen für die wesentlichen tragenden Bauteile.

Lph Leistungsbeschreibungen der Grundleistungen nach HOAI		**BIM-Leistungen und Modelldetaillierungsgrad (MDG)**
3 Entwurfsplanung (System- und Integrationsplanung)	**15 %**	**BIM-Leistungen (Konstruktion und Integration)**
a) Erarbeiten der Tragwerkslösung, unter Beachtung der durch die Objektplanung integrierten Fachplanungen, bis zum konstruktiven Entwurf mit zeichnerischer Darstellung b) Überschlägige statische Berechnung und Bemessung c) Grundlegende Festlegungen der konstruktiven Details und Hauptabmessungen des Tragwerks für zum Beispiel Gestaltung der tragenden Querschnitte, Aussparungen und Fugen; Ausbildung der Auflager- und Knotenpunkte sowie der Verbindungsmittel d) Überschlägiges Ermitteln der Betonstahlmengen im Stahlbetonbau, der Stahlmengen im Stahlbau und der Holzmengen im Ingenieurholzbau e) Mitwirken bei der Objektbeschreibung bzw. beim Erläuterungsbericht f) Mitwirken bei Verhandlungen mit Behörden und anderen an der Planung fachlich Beteiligten über die Genehmigungsfähigkeit g) Mitwirken bei der Kostenberechnung und bei der Terminplanung h) Mitwirken beim Vergleich der Kostenberechnung mit der Kostenschätzung i) Zusammenfassen, Erläutern und Dokumentieren der Ergebnisse		Entwicklung eines Fachmodells (Tragwerksmodell bestehend aus Skizzen, Berechnungen, Plänen) auf der Grundlage des bauteilorientierten 3-D-Datenmodells der Objektplanung (Entwurfsmodell/Referenz) und modellbasierte Ermittlung aller wesentlichen Informationen zum Tragsystem in der Bearbeitungstiefe der Entwurfsplanung (Modellinhalt des Fachmodells: u.a. Raster, Tragsysteme bzw. statische Systeme, maßgebende Einwirkungen und Einwirkungskombinationen, Baustoffe; Bemessung der relevanten Elemente des Tragsystems, Prüfung relevanter Durchbrüche etc.); Zuliefern von Ergebnissen bzw. Attributen an das bauteilorientierte 3-D-Datenmodell der Objektplanung entsprechend der Planungstiefe der Lph (Hauptabmessungen z.B. auch bei Stahl- und Holzquerschnitten, Bewehrungsgrade, relevante konstruktive Details wie z.B. Ausbildung von Auflager und Knotenpunkten, Festlegungen zu Sonderkonstruktionen wie z.B. Fassaden); Überschlägige Mengenermittlung ggf. unter Verwendung des 3-D-Datenmodells der Objektplanung oder Angaben daraus; Mitwirkung bei der Kostenberechnung auf der Basis der aus dem 3-D-Datenmodell der Objektplanung ableitbaren Mengen. **Besondere Leistungen:** **Attribuierung des 3-D-Datenmodells zur Verknüpfung der Kosten aus der Kostenberechnung** Bewertung: Nach Aufwand **Mitwirkung bei leistungsbereichsübergreifender Konsistenz- und Kollisionsprüfung** Bewertung: BIM-Koordination 2,0 bis 3,0 v.H. **BIM-Anwendungsfälle 4-D und 5-D:** **Mitwirken bei** **Modellbasierter Terminplanung/Bauablaufsimulation** Bewertung: 1,0 bis 1,5 v.H. **Modellbasierter Kostenkontrolle** Bewertung: 1,0 bis 1,5 v.H. **Mitwirken bei der Ergänzung der Modellelemente um betriebsrelevante Eigenschaften** Bewertung: Nach Aufwand
Modelldetaillierungsgrad MDG 200 (ähnlich LOD 200)		Keine modellspezifischen Anforderungen

Lph Leistungsbeschreibungen der Grundleistungen nach HOAI		BIM-Leistungen und Modelldetaillierungsgrad (MDG)
Ergebnis des modellbasierten Arbeitens Lph 3 (ggf. einschl. Besonderer Leistungen)		Integriertes, qualitätsgesichertes und bereinigtes 3-D-Datenmodell als Ausgangsbasis für folgende Lph, aus dem der Informationstiefe der Lph entsprechende 2-D-Entwurfszeichnungen generiert werden. Es muss als Referenzmodell für die anderen an der Planung fachlich Beteiligten und für die Anwendung der BCF-Methode geeignet sein.
4 Genehmigungsplanung	**30 %**	**BIM-Leistungen (Konstruktion und Integration)**
a) Aufstellen der prüffähigen statischen Berechnungen für das Tragwerk unter Berücksichtigung der vorgegebenen bauphysikalischen Anforderungen b) Bei Ingenieurbauwerken: Erfassen von normalen Bauzuständen c) Anfertigen der Positionspläne für das Tragwerk oder Eintragen der statischen Positionen, der Tragwerksabmessungen, der Verkehrslasten, der Art und Güte der Baustoffe und der Besonderheiten der Konstruktionen in die Entwurfszeichnungen des Objektsplaners d) Zusammenstellen der Unterlagen der Tragwerksplanung zur Genehmigung e) Abstimmen mit Prüfämtern und Prüfingenieuren oder Eigenkontrolle f) Vervollständigen und Berichtigen der Berechnungen und Pläne		Weiterentwicklung/Ergänzung des Fachmodells der Lph. 3 bis zur Bearbeitungstiefe der Genehmigungsplanung (finales Berechnungsmodell der Tragwerksplanung): u.a. Abbildung der statischen Systeme, Definition aller Einwirkungen bzw. Einwirkungskombinationen, Expositionsklassen, Baustoffe und Abmessungen aller tragenden Bauteile; Bemessung aller tragenden Bauteile unter Berücksichtigung aller relevanten Details (z.B. Aussparungen, Fugen). Übernahme der Ergebnisse in das 3-D-Datenmodell der Objektplanung (Attribuierung); Erstellung von Positionsplänen aus dem 3-D-Datenmodell der Objektplanung oder ggf. aus dem Fachmodell. **Besondere Leistungen:** **Mitwirken bei der Darstellung von Bauphasen und Bauzuständen zusätzlich zu den Besonderen Leistungen der Berechnung** Bewertung: Nach Aufwand **Mitwirkung bei der Attribuierung der Bauteile nach besonderen Anforderungen des Bauherrn** Bewertung: Nach Aufwand
Modelldetaillierungsgrad MDG 210 (keine Entsprechung bei LOD)		Keine modellspezifischen Anforderungen
Ergebnis des modellbasierten Arbeitens Lph 4		Integriertes, qualitätsgesichertes und bereinigtes 3-D-Datenmodell, aus dem der Informationstiefe der Lph entsprechend 2-D-Genehmigungszeichnungen und weitere Vorlagen generiert werden.
5 Ausführungsplanung	**40 %**	**BIM-Leistungen (Konstruktion und Integration)**
a) Durcharbeiten der Ergebnisse der Leistungsphasen 3 und 4 unter Beachtung der durch die Objektplanung integrierten Fachplanungen		Übernahme der Informationen aus dem für das Tragwerk fertiggestellten 3-D-Datenmodell der Objektplanung und Abgleich mit den Auswirkungen von Fachplanungsangaben auf das Fachmodell Tragwerksplanung.

Lph	Leistungsbeschreibungen der Grundleistungen nach HOAI		BIM-Leistungen und Modelldetaillierungsgrad (MDG)
	b) Anfertigen der Schalpläne in Ergänzung der fertig gestellten Ausführungspläne des Objektplaners c) Zeichnerische Darstellung der Konstruktionen mit Einbau- und Verlegeanweisungen, zum Beispiel Bewehrungspläne, Stahlbau- oder Holzkonstruktionspläne mit Leitdetails (keine Werkstattzeichnungen) d) Aufstellen von Stahl- oder Stücklisten als Ergänzung zur zeichnerischen Darstellung der Konstruktionen mit Stahlmengenermittlung e) Fortführen der Abstimmung mit Prüfämtern und Prüfingenieuren oder Eigenkontrolle		Generieren von Darstellungen der Konstruktion der gewählten Bauart, z.B. Bewehrung, Schalung, Holzbau, Stahlbau und Sonderkonstruktionen (keine Werkstattqualität) durch Planableitung aus dem 3-D-Datenmodell der Objektplanung oder ggf. aus dem Fachmodell der Tragwerksplanung bzw. auf sonstigem Weg auf Grundlage des 3-D-Datenmodells (Hinweis: Die Bewehrungsplanung ist nach dem heutigen Stand der Technik in aller Regel nicht durchgängig bzw. automatisiert auf Grundlage eines 3-D-Datenmodells bzw. Fachmodells möglich). Aufstellen von Stahl-oder Stücklisten ggf. auf Grundlage des 3-D-Datenmodells. **Besondere Leistungen:** **Fortschreiben des Fachmodells der Lph 4 in vertiefter Darstellung bzw. in vertiefter Detaillierung (z.B. über eine dem Maßstab 1:100 entsprechende Detaillierung hinaus);** **Weiterentwicklung des 3-D-Datenmodells zur Herstellung von Werkstatt- und Montagezeichnungen im Stahlbeton-, Stahl- und Holzbau einschl. Stücklisten, Elementpläne für Stahlbetonfertigteile, einschl. Stahl- und Stücklisten; Integration und Übernahme der Technischen Ausrüstung in das Tragwerk (über die Übernahme der Schlitze und Durchbrüche hinaus, z.B. Heiz- oder Kälteleitungen bei Bauteilaktivierung)** Bewertung: Nach Aufwand (soweit den Leistungen der konventionellen Planung vergleichbar nach den Empfehlungen des Heft 3 des AHO) **Mitwirkung bei leistungsbereichsübergreifender Konsistenz- und Kollisionsprüfung und Bereitstellen eines koordinierten Datenmodells für die Ausführung** Bewertung: Mitwirkung bei BIM-Koordination 1,0 bis 2,0 v.H. **Mitwirkung bei der modellbasierten Terminplanung, Bauablaufsimulation und Kostenkontrolle (BIM-Anwendungsfälle 4-D und 5-D)** Bewertung: Als Fortschreibung Lph 3 jeweils 0,5 bis 1,0 v.H. **Ergänzung der Modellelemente um betriebsrelevante Eigenschaften der Tragwerksplanung** Bewertung: Nach Aufwand **Weiterentwicklung des Datenmodells in einem an die spezifischen Anforderungen der beauftragten Firmen angepassten Format zur Herstellung von Werkstatt- und Montagezeichnungen** Bewertung: Nach Aufwand, spezifische Anforderungen können erst nach Beauftragung der ausführenden Firmen festgelegt werden.

Lph Leistungsbeschreibungen der Grundleistungen nach HOAI		BIM-Leistungen und Modelldetaillierungsgrad (MDG)
		Prüfen der Werk- und Montageplanung eines ausführenden Unternehmens auf Datenkonformität Bewertung: Nach Aufwand **Mitwirkung bei der Attribuierung** Bewertung: Nach Aufwand
Modelldetaillierungsgrad MDG 300 (ähnlich LOD 300)		Keine modellspezifischen Anforderungen (Hinweis: 3-D-Bewehrungsplanung entspricht MDG 400)
Ergebnis des modellbasierten Arbeitens Lph 5 (ggf. einschl. Besonderer Leistungen)		Integriertes, qualitätsgesichertes und bereinigtes 3-D-Datenmodell als Ausgangsbasis für folgende Lph, aus dem der Informationstiefe der Lph entsprechend 2-D-Ausführungszeichnungen sowie Grundlagen für Detail- und Konstruktionszeichnungen in 2-D-Darstellung generiert werden. Es dient als Grundlage zur Erstellung der Werkstatt- und Montagepäne der ausführenden Firmen.
6 Vorbereitung der Vergabe	**2 %**	**BIM-Leistungen (Konstruktion und Integration)**
a) Ermitteln der Betonstahlmengen im Stahlbetonbau, der Stahlmengen im Stahlbau und der Holzmengen im Ingenieurholzbau als Ergebnis der Ausführungsplanung und als Beitrag zur Mengenermittlung des Objektplaners b) Überschlägiges Ermitteln der Mengen der konstruktiven Stahlteile und statisch erforderlichen Verbindungs- und Befestigungsmittel im Ingenieurholzbau c) Mitwirken beim Erstellen der Leistungsbeschreibung als Ergänzung zu den Mengenermittlungen als Grundlage für das Leistungsverzeichnis des Tragwerks		Mengenermittlung für Betonstahl, Beton, Konstruktionsstahl und Holz sowie der konstruktiven bzw. erforderlichen Verbindungsmittel aus dem Fachmodell. **Besondere Leistungen:** **Mitwirken bei modellbasierter Terminplanung und Bauablaufsimulation (BIM-Anwendungsfall 4-D) für die Tragwerksplanung** Bewertung: Als Fortschreibung Lph 5 0,5 bis 1,0 v.H. **Erstellung eines AVA-Modells mit Leistungen und Kostendaten einschl. modellbasierter Kostenkontrolle (BIM-Anwendungsfall 5-D) durch Verknüpfung der Listen und modellbasierten Mengen mit Einheitspreisen zum Abgleich mit der Kostenberechnung für die Mitwirkung durch die Tragwerksplanung** Bewertung: 2,5 bis 3,5 v.H.
Modelldetaillierungsgrad MDG 310 (keine Entsprechung bei LOD)		Das 3-D-Datenmodell für die Vorbereitung der Vergabe entspricht MDF 300. Es kann für die in der Lph erforderlichen Datenermittlungen und weitere BIM-Anwendungsfälle verwendet werden.
Ergebnis des modellbasierten Arbeitens Lph 6 (ggf. einschl. Besonderer Leistungen)		Modellbasierte Mengenermittlungen und Generieren nicht grafischer Informationen für das Aufstellen von Leistungsbeschreibungen mit Leistungsverzeichnissen.

5.4 Anlage 15 zu § 55 Grundleistungen – Fachplanung Technische Ausrüstung

Lph Leistungsbeschreibungen der Grundleistungen nach HOAI		**BIM-Leistungen und Modelldetaillierungsgrad (MDG)**
		Erwähnte Besondere Leistungen sind beispielhaft und nicht abschließend! Die Festlegung der Bewertung im vorgeschlagenen Rahmen der Von-bis-v.H.-Bewertung ist objektabhängig. Maßgebliche Kriterien sind die Komplexität der Aufgabenstellung, die Komplexität der Schnittstellen in Planung und Ausführung und die Anzahl der Projektbeteiligten.
1 Grundlagenermittlung	**2 %**	**BIM-Leistungen (Konstruktion und Integration)**
a) Klären der Aufgabenstellung auf Grund der Vorgaben oder der Bedarfsplanung des Auftraggebers im Benehmen mit dem Objektplaner b) Ermitteln der Planungsrandbedingungen und Beraten zum Leistungsbedarf und gegebenenfalls zur technischen Erschließung c) Zusammenfassen, Erläutern und Dokumentieren der Ergebnisse		Klären der Aufgabenstellung einschl. der Planungsmethode unter Berücksichtigung der Auftraggeber-Informationsanforderungen AIA und der BIM-Ablaufplanung BAP, Mitwirkung bei der projektspezifischen Anpassung und Vervollständigung des BIM-Ablaufplans, Abstimmung zum Einsatz von Modellierungs- und Prüfwerkzeugen und zum Datenaustausch, ggf. Übernahme eines Bestandsdatenmodells. **Besondere Leistungen:** **Erstellen oder Mitwirken bei der Erstellung der AIA und des BAP** Bewertung: Nach Aufwand auf Basis der Planungsgrundlage (nach § 650p BGB Planungsgrundlage mit Kosteneinschätzung) bzw. nach Aufwand bei erforderlichen Fortschreibungen. **Beraten zum gesamten Leistungsbedarf in Bezug auf mögliche BIM-Prozesse, zu Kollaborationsplattform und BIM-Software, Mitwirken bei der Erstellung des Lastenheftes der Kollaborationsplattform, Implementierung der Kollaborationsplattform im Projekt, Konzepterstellung und Durchführung von Interoperabilitätstests** Bewertung: 0,5 bis 2,0 v.H. **Erstellung eines Bestandsdatenmodells als Grundlage des BIM-Prozesses.** Bewertung: Nach Aufwand wegen unterschiedlicher Grundlagen und Anforderungen
Modelldetaillierungsgrad MDG 010 (keine Entsprechung bei LOD)		Keine modellspezifischen Anforderungen
Ergebnis des modellbasierten Arbeitens Lph 1		Projektspezifische BAP und Datengrundlagen
2 Vorplanung (Projekt- und Planungsvorbereitung)	**9 %**	**BIM-Leistungen (Konstruktion und Integration)**
a) Analysieren der Grundlagen, Mitwirken beim Abstimmen der Leistungen mit den Planungsbeteiligten		Mitwirkung bei der Fortschreibung des projektspezifischen BAP, Festlegungen zum Einsatz von Modellierungs- und Prüfwerkzeugen und zum Datenaustausch.

Lph Leistungsbeschreibungen der Grundleistungen nach HOAI		BIM-Leistungen und Modelldetaillierungsgrad (MDG)
b) Erarbeiten eines Planungskonzepts, dazu gehören zum Beispiel: Vordimensionieren der Systeme und maßbestimmenden Anlagenteile, Untersuchen von alternativen Lösungsmöglichkeiten bei gleichen Nutzungsanforderungen einschließlich Wirtschaftlichkeitsvorbetrachtung, zeichnerische Darstellung zur Integration in die Objektplanung unter Berücksichtigung exemplarischer Details, Angaben zum Raumbedarf c) Aufstellen eines Funktionsschemas bzw. Prinzipschaltbildes für jede Anlage d) Klären und Erläutern der wesentlichen fachübergreifenden Prozesse, Randbedingungen und Schnittstellen, Mitwirken bei der Integration der technischen Anlagen e) Vorverhandlungen mit Behörden über die Genehmigungsfähigkeit und mit den zu beteiligenden Stellen zur Infrastruktur f) Kostenschätzung nach DIN 276 (2. Ebene) und bei der Terminplanung g) Zusammenfassen, Erläutern und Dokumentieren der Ergebnisse		Ergänzen des durch den Architekten erstellten bauteilorientierten 3-D-Datenmodells (Referenzmodell) Darstellung von: – Angabe von Installationsräumen für die TA (Haupttrassen, Schächte, Installationshohlräume, Zentralen) ggf. als exemplarische Details – Technikflächen und Zentralenmöblierung – Keine Berechnung aus dem Modell – Grobmengenermittlung für die Kostenschätzung nach DIN 276 erfolgt nur anhand der Flächenvorgaben aus dem Architekturmodell **Besondere Leistungen:** **Mitwirken beim Erstellen eines 3-D-Gebäudemodells durch Zuordnung von Raumeigenschaften und Ausstattung (Raumbuch)** Bewertung: 1,5 bis 2,5 v.H. **Untersuchungen für Gebäudemodell-Varianten** Bewertung: Pauschal oder nach Aufwand **Simulationsmodelle** Bewertung: Nach Aufwand entsprechend festzulegender Anforderungen
Modelldetaillierungsgrad MDG 100 (ähnlich LOD 100)		3-D-Datenmodell der Installationsräume TA
Ergebnis des modellbasierten Arbeitens Lph 2 (ggf. einschl. Besonderer Leistungen)		3-D-Datenmodell in Bezug auf Installationsräume TA
3 Entwurfsplanung (System- und Integrationsplanung)	**17 %**	**BIM-Leistungen (Konstruktion und Integration)**
a) Durcharbeiten des Planungskonzepts (stufenweise Erarbeitung einer Lösung) unter Berücksichtigung aller fachspezifischen Anforderungen sowie unter Beachtung der durch die Objektplanung integrierten Fachplanungen, bis zum vollständigen Entwurf b) Festlegen aller Systeme und Anlagenteile		Erstellen eines bauteilorientierten 3-D-Datenmodells auf Grundlage des Gebäudemodells MDG 200 der Objektplanung bis zur Bearbeitungstiefe der fertigen Entwurfsplanung. Dazu zählt die Festlegung und Darstellung: – von Rohren, Kanälen, Elektrotrassen mit raumbestimmenden Hauptdimensionen – von wesentlichen raumbestimmenden Komponenten (z.B. Leuchten, Volumenstromregler, Zentralgeräte, Schaltschränke) mit raumbestimmenden Abmessungen, Form, Lage und Ortsbezug und eindeutiger Bezeichnung

Lph Leistungsbeschreibungen der Grundleistungen nach HOAI		**BIM-Leistungen und Modelldetaillierungsgrad (MDG)**
c) Berechnen und Bemessen der technischen Anlagen und Anlagenteile, Abschätzen von jährlichen Bedarfswerten (z.B. Nutz-, End- und Primärenergiebedarf) und Betriebskosten; Abstimmen des Platzbedarfs für technische Anlagen und Anlagenteile; Zeichnerische Darstellung des Entwurfs in einem mit dem Objektplaner abgestimmten Ausgabemaßstab mit Angabe maßbestimmender Dimensionen; Fortschreiben und Detaillieren der Funktions- und Strangschemata der Anlagen Auflisten aller Anlagen mit technischen Daten und Angaben z.B. für Energiebilanzierungen; Anlagenbeschreibungen mit Angabe der Nutzungsbedingungen d) Übergeben der Berechnungsergebnisse an andere Planungsbeteiligte zum Aufstellen vorgeschriebener Nachweise; Angabe und Abstimmung der für die Tragwerksplanung notwendigen Angaben über Durchführungen und Lastangaben (ohne Anfertigen von Schlitz- und Durchführungsplänen) e) Verhandlungen mit Behörden und mit anderen zu beteiligenden Stellen über die Genehmigungsfähigkeit f) Kostenberechnung nach DIN 276 (3. Ebene) und bei der Terminplanung g) Kostenkontrolle durch Vergleich der Kostenberechnung mit der Kostenschätzung h) Zusammenfassen, Erläutern und Dokumentieren der Ergebnisse		– von statisch relevanten Durchführungen im Modell – Es werden nur Komponenten dargestellt, die üblicherweise in einer Entwurfsplanung dargestellt werden (z.B. werden Elektrokabel nicht dargestellt). – Angaben zu besonderen Lastannahmen Anlegen der Eigenschaftsdatensätze und Einfügen der im Zuge der Entwurfsplanung erarbeiteten Informationen (keine Attribuierung nach Vorgaben des AG). Die Modellelemente können ebenfalls weitere nicht geometrische Informationen über Eigenschaften der Elemente, wie Eigenschaften aus der Berechnung und Haupteigenschaften technischer Großgeräte, enthalten. Berechnungsmodell: vorläufiges Berechnungsmodell Berechnungen gem. HOAI soweit im Modell darstellbar Anhand des 3-D-Datenmodells erfolgen u.a.: – Festlegung der Qualitäten für die Kostenberechnung nach DIN 276 – Mengenermittlung als Grundlage der Kostenberechnung nach DIN 276 – Modellbasierte Konsistenz- und Kollisionsprüfungen innerhalb des Leistungsbereichs TA-Planung – Keine zwingende Ableitung von Schemata aus den Modellen **Besondere Leistungen:** **Leistungsbereichsübergreifende Konsistenz- und Kollisionsprüfung (BIM-Koordination)** Bewertung: Nach Aufwand **Modellbasierte Terminplanung, Bauablaufsimulation und Kostenkontrolle (BIM-Anwendungsfälle 4-D und 5-D)** Bewertung: Pauschal oder nach Aufwand **Ergänzung der Modellelemente um betriebsrelevante Eigenschaften (wie z.B. Lebensdauer, Wartung u.a.)** Bewertung: Pauschal oder nach Aufwand **Mitwirken beim Fortschreiben eines 3-D-Gebäudemodells mit Zuordnung von Raumeigenschaften und Ausstattung (Raumbuch)** Bewertung: 2,0 bis 3,0 v.H.
Modelldetaillierungsgrad MDG 200 (ähnlich LOD 200)		3-D-Datenmodell (Fachmodell oder Fachmodelle) Die Modellelemente werden als allgemeingültige Systeme oder Elementgruppen als endgültige Lösung modelliert, mit annähernden Mengen, Abmessungen, Formen, Lage und Ortsbezug mit Qualitäts- und Materialangaben (i.d.R. alphanumerisch). Die Eigenschaften sind bei öffentlichen Aufträgen produktneutral zu definieren.

Lph Leistungsbeschreibungen der Grundleistungen nach HOAI		BIM-Leistungen und Modelldetaillierungsgrad (MDG)
Ergebnis des modellbasierten Arbeitens Lph 3 (ggf. einschl. Besonderer Leistungen)		Integriertes, qualitätsgesichertes und bereinigtes 3-D-Datenmodell als Ausgangsbasis für folgende Lph, aus dem der Informationstiefe der Lph entsprechend 2-D-Entwurfszeichnungen generiert werden. Es muss als Koordinations- und Informationsmodell für die anderen an der Planung fachlich Beteiligten und für die Anwendung der BCF-Methode geeignet sein.
4 Genehmigungsplanung	**2 %**	**BIM-Leistungen (Konstruktion und Integration)**
a) Erarbeiten und Zusammenstellen der Vorlagen und Nachweise für öffentlich-rechtliche Genehmigungen oder Zustimmungen, einschließlich der Anträge auf Ausnahmen oder Befreiungen sowie Mitwirken bei Verhandlungen mit Behörden b) Vervollständigen und Anpassen der Planungsunterlagen, Beschreibungen und Berechnungen		Keine weitere Durcharbeitung des 3-D-Datenmodells in Geometrie und Eigenschaften, ggf. Ergänzen und Anpassen des 3-D-Datenmodells, soweit Anpassungen oder Änderungen aus dem Genehmigungsprozess erforderlich werden. Anhand des 3-D-Datenmodells erfolgt u.a.: Erarbeitung der Vorlagen (Planungsunterlagen und Berechnungen, wie sie sich aus den öffentlich-rechtlichen Anforderungen an Genehmigungsunterlagen ergeben, im Wesentlichen durch Ableiten aus dem 3-D-Datenmodell).
Modelldetaillierungsgrad MDG 210 (keine Entsprechung bei LOD)		Das 3-D-Datenmodell für die Genehmigungsplanung entspricht in der Geometrie LOD 200. Die Eigenschaften sind bei öffentlichen Aufträgen möglichst produktneutral zu definieren und ggf. im Ergebnis der Genehmigungsplanung anzupassen bzw. zu ergänzen.
Ergebnis des modellbasierten Arbeitens Lph 4		Integriertes, qualitätsgesichertes und bereinigtes 3-D-Datenmodell, aus dem der Informationstiefe der Lph entsprechend 2-D-Genehmigungszeichnungen und weitere Vorlagen generiert werden.
5 Ausführungsplanung	**22 %**	**BIM-Leistungen (Konstruktion und Integration)**
a) Erarbeiten der Ausführungsplanung auf Grundlage der Ergebnisse der Leistungsphasen 3 und 4 (stufenweise Erarbeitung und Darstellung der Lösung) unter Beachtung der durch die Objektplanung integrierten Fachplanungen bis zur ausführungsreifen Lösung		Durcharbeitung des 3-D-Datenmodells auf Grundlage der Entwurfs- und Genehmigungsplanung bis zum Darstellen der ausführungsreifen Lösung und als Grundlage für die weiteren Lph. Definition der endgültigen raumbestimmenden Bauteilgeometrie und Materialität. Fortschreiben der Eigenschaftsdatensätze, Übernahme der im Zuge der Ausführungsplanung erarbeiteten Informationen. Die Modellelemente können weitere nicht geometrische Informationen über Eigenschaften der Elemente, z.B. Eigenschaften aus der Berechnung und Eigenschaften technischer Großgeräte, enthalten. – Darstellung aller Komponenten mit raumbestimmenden Abmessungen, Massen und eindeutiger Bezeichnung. Eine lagegenaue Modellierung von Schaltern und Dosen ist in der Regel nicht erforderlich. – S+D-Planung im Modell

Lph	Leistungsbeschreibungen der Grundleistungen nach HOAI		BIM-Leistungen und Modelldetaillierungsgrad (MDG)
	b) Fortschreiben der Berechnungen und Bemessungen zur Auslegung der technischen Anlagen und Anlagenteile Zeichnerische Darstellung der Anlagen in einem mit dem Objektplaner abgestimmten Ausgabemaßstab und Detaillierungsgrad einschließlich Dimensionen (keine Montage- oder Werkstattpläne) Anpassen und Detaillieren der Funktions- und Strangschemata der Anlagen bzw. der GA-Funktionslisten Abstimmen der Ausführungszeichnungen mit dem Objektplaner und den übrigen Fachplanern c) Anfertigen von Schlitz- und Durchbruchsplänen d) Fortschreibung des Terminplans e) Fortschreiben der Ausführungsplanung auf den Stand der Ausschreibungsergebnisse und der dann vorliegenden Ausführungsplanung des Objektplaners, Übergeben der fortgeschriebenen Ausführungsplanung an die ausführenden Unternehmen f) Prüfen und Anerkennen der Montage- und Werkstattpläne der ausführenden Unternehmen auf Übereinstimmung mit der Ausführungsplanung		Berechnungsmodell: endgültiges Berechnungsmodell Anhand des 3-D-Datenmodells erfolgen u.a.: – Fortschreibung der Qualitäten und Mengen als Grundlage für das Erstellen der Leistungsbeschreibungen in Lph 6 – Fortschreiben des Ausführungsplanungsmodells LOD 300 bis zur Vorlage der Ausschreibungsergebnisse – Modellbasierte Konsistenz- und Kollisionsprüfungen innerhalb des beauftragten Leistungsbereichs TA **Besondere Leistungen:** **Leistungsbereichsübergreifende Konsistenz- und Kollisionsprüfung (BIM-Koordination)** Bewertung: Nach Aufwand **Modellbasierte Terminplanung, Bauablaufsimulation und Kostenkontrolle (BIM-Anwendungsfälle 4-D und 5-D)** Bewertung: Pauschal oder nach Aufwand **Ergänzung der Modellelemente um betriebsrelevante Eigenschaften (wie z.B. Lebensdauer, Wartung u.a.) und Eigenschaften für die Abnahme und Inbetriebnahmen (z.B. Anforderungen Sachverständigenabnahmen)** Bewertung: Pauschal oder nach Aufwand **Prüfen der Werk- und Montageplanung des ausführenden Unternehmens auf Datenkonformität** Bewertung: 2,0 bis 4,0 v.H. **Weiterentwicklung des Datenmodells zur Herstellung von Werkstatt- und Montagezeichnungen** Bewertung: Pauschal oder nach Aufwand **Lagegenaue Modellierung von Objekten, Schaltern und Dosen als Basis für Wandabwicklungen** Bewertung: Pauschal oder nach Aufwand **Fortschreiben der Modellelementeigenschaften auf dem Stand der Ausschreibungsergebnisse** Bewertung: Nach Aufwand
	Modelldetaillierungsgrad MDG 300 (ähnlich LOD 300)		3-D-Datenmodell mit detaillierter, spezifischer und ausführungsreifer Modellierung von Bauteilen und Bauteilgruppen, mit präzisen Angaben zu Abmessungen, Form, Lage und Ortsbezug sowie Mengen. Die Eigenschaften sind bei öffentlichen Aufträgen möglichst produktneutral zu definieren.

Lph Leistungsbeschreibungen der Grundleistungen nach HOAI		BIM-Leistungen und Modelldetaillierungsgrad (MDG)
Ergebnis des modellbasierten Arbeitens Lph 5 (ggf. einschl. Besonderer Leistungen)		Integriertes, qualitätsgesichertes und bereinigtes 3-D-Datenmodell als Ausgangsbasis für folgende Lph, aus dem der Informationstiefe der Lph entsprechend 2-D-Ausführungszeichnungen sowie Grundlagen für Detail- und Konstruktionszeichnungen in 2-D-Darstellung generiert werden. Es dient als Grundlage zur Erstellung der Werk- und Montagepläne der ausführenden Firmen.
6 Vorbereitung der Vergabe	**7 %**	**BIM-Leistungen (Konstruktion und Integration)**
a) Ermitteln von Mengen als Grundlage für das Aufstellen von Leistungsverzeichnissen in Abstimmung mit Beiträgen anderer an der Planung fachlich Beteiligter b) Aufstellen der Vergabeunterlagen, insbesondere mit Leistungsverzeichnissen nach Leistungsbereichen, einschließlich der Wartungsleistungen auf Grundlage bestehender Regelwerke c) Mitwirken beim Abstimmen der Schnittstellen zu den Leistungsbeschreibungen der anderen an der Planung fachlich Beteiligten d) Ermitteln der Kosten auf Grundlage der vom Planer bepreisten Leistungsverzeichnisse e) Kostenkontrolle durch Vergleich der vom Planer bepreisten Leistungsverzeichnisse mit der Kostenberechnung f) Zusammenstellen der Vergabeunterlagen		Keine weitere Durcharbeitung des 3-D-Datenmodells in Geometrie und Eigenschaftsdatensätzen über MDG 300 hinaus. Anhand des 3-D-Datenmodells erfolgen u.a.: – Detaillierte Mengenermittlung aus dem Modell, Zusammenstellen von Quantitäten und Qualitäten u.a. als Grundlage für die Leistungsverzeichnisse – Ausgabe von Bauteil-, Bauelementlisten – Bereitstellen des integrierten, qualitätsgesicherten 3-D-Datenmodells der Lph 5 mit möglichst produktneutralen Eigenschaften in geeigneten Datenformaten in Ergänzung der Vergabeunterlagen **Besondere Leistungen:** **Modellbasierte Terminplanung (Bauablaufsimulation) und Erstellung eines AVA-Modells mit Leistungen und Kostendaten einschl. modellbasierter Kostenkontrolle (BIM-Anwendungsfälle 4-D und 5-D)** Bewertung: Pauschal oder nach Aufwand **Kostenkontrolle durch Verknüpfung der Listen und modellbasierter Mengen mit Einheitspreisen zum Abgleich mit der Kostenberechnung** Bewertung: Pauschal oder nach Aufwand
Modelldetaillierungsgrad MDG 310 (keine Entsprechung bei LOD)		Das 3-D-Datenmodell für die Vorbereitung der Vergabe entspricht MDG 300. Es kann für die in der Lph erforderlichen Datenermittlungen und weitere BIM-Anwendungsfälle verwendet werden.
Ergebnis des modellbasierten Arbeitens Lph 6 (ggf. einschl. Besonderer Leistungen)		Modellbasierte Mengenermittlungen und Generieren nicht grafischer Informationen für das Aufstellen von Leistungsbeschreibungen mit Leistungsverzeichnissen.

Lph Leistungsbeschreibungen der Grundleistungen nach HOAI		BIM-Leistungen und Modelldetaillierungsgrad (MDG)
7 Mitwirkung bei der Vergabe	**5 %**	**BIM-Leistungen (Konstruktion und Integration)**
a) Einholen von Angeboten b) Prüfen und Werten der Angebote, Aufstellen der Preisspiegel nach Einzelpositionen, Prüfen und Werten der Angebote für zusätzliche oder geänderte Leistungen der ausführenden Unternehmen und der Angemessenheit der Preise c) Führen von Bietergesprächen d) Vergleichen der Ausschreibungsergebnisse mit den vom Planer bepreisten Leistungsverzeichnissen und der Kostenberechnung e) Erstellen der Vergabevorschläge, Mitwirken bei der Dokumentation der Vergabeverfahren f) Zusammenstellen der Vertragsunterlagen und bei der Auftragserteilung		Keine weitere Durcharbeitung des 3-D-Datenmodells in Geometrie und Eigenschaften über MDG 300 hinaus. Anhand des 3-D-Datenmodells erfolgen u.a.: Erläuterungen zum 3-D-Datenmodell im Rahmen von Bietergesprächen. **Besondere Leistungen:** **Ermitteln des Anpassungs- und Fortschreibungsbedarfs des 3-D-Datenmodells aufgrund produktspezifischer Angaben bei von der Ausschreibung abweichenden Angebotsinhalten (Nebenangeboten)** Bewertung: Nach Aufwand
Modelldetaillierungsgrad MDG 320 (keine Entsprechung bei LOD)		Das 3-D-Datenmodell für die Mitwirkung bei der Vergabe entspricht MDG 300. Es kann für weitere BIM-Anwendungsfälle (z.B. 4-D, 5-D-BIM) verwendet werden.
Ergebnis des modellbasierten Arbeitens Lph 7 (ggf. einschl. Besonderer Leistungen)		Integrierte, qualitätsgesicherte und bereinigte Datengrundlagen zur Auftragserteilung.
8 Objektüberwachung (Bauüberwachung) und Dokumentation	**35 %**	**BIM-Leistungen (Konstruktion und Integration)**
a) Überwachen der Ausführung des Objekts auf Übereinstimmung mit der öffentlich-rechtlichen Genehmigung oder Zustimmung, den Verträgen mit den ausführenden Unternehmen, den Ausführungsunterlagen, den Montage- und Werkstattplänen, den einschlägigen Vorschriften und den allgemein anerkannten Regeln der Technik b) Mitwirken bei der Koordination der am Projekt Beteiligten c) Aufstellen, Fortschreiben und Überwachen des Terminplans (Balkendiagramm) d) Dokumentation des Bauablaufs (Bautagebuch)		Zusammenstellen der aus dem Modell generierten 2-D-Ausführungspläne und Listen und/oder des 3-D-Datenmodells MDG 300 in geeignetem Format zur Übergabe an die beauftragten Firmen zur Bauausführung und als Grundlage für die Erstellung erforderlicher Werkstatt- und Montageplanungen. Sofern die Werk- und Montageplanung der ausführenden Firmen modellbasiert ausgeführt wird (MDG 400) sind diese 3-D-Datenmodelle bzw. Teilmodelle als Bestandteil der Dokumentation systematisch zusammenzustellen. **Besondere Leistungen:** **Erstellung eines BIM-As-built-Modells MDG 500. Das BIM-As-built-Modell basiert entweder auf der weiteren Fortschreibung MDG 300 auf den Stand der tatsächlichen Ausführung, durch Integration der von den mit der Bauausführung beauftragten Firmen gelieferten Bestands- und Revisionsunterlagen gem. VOB/C ATV DIN oder auf deren fortgeschriebenen 3-D-Datenmodellen bzw. Teilmodellen MDG 400.**

Lph	Leistungsbeschreibungen der Grundleistungen nach HOAI		BIM-Leistungen und Modelldetaillierungsgrad (MDG)
e)	Prüfen und Bewerten der Notwendigkeit geänderter oder zusätzlicher Leistungen der Unternehmer und der Angemessenheit der Preise		Bewertung: Pauschal oder Abrechnung nach Aufwand, Anforderungen ergeben sich aus den beigestellten Fachmodellen der ausführenden Firmen.
f)	Gemeinsames Aufmaß mit den ausführenden Unternehmen		**Bauabrechnung anstelle VOB/C ATV DIN anhand des 3-D-Datenmodells, nach fortschreitender, elektronischer Bauaufnahme.** Bewertung: Pauschal oder Abrechnung nach Aufwand
g)	Rechnungsprüfung in rechnerischer und fachlicher Hinsicht mit Prüfen und Bescheinigen des Leistungsstandes anhand nachvollziehbarer Leistungsnachweise		Hinweis: Die Leistung kann mit den bisherigen Mitteln nicht angeboten werden.
h)	Kostenkontrolle durch Überprüfen der Leistungsabrechnungen der ausführenden Unternehmen im Vergleich zu den Vertragspreisen und dem Kostenanschlag		
i)	Kostenfeststellung		
j)	Mitwirken bei Leistungs- u. Funktionsprüfungen		
k)	Fachtechnische Abnahme der Leistungen auf Grundlage der vorgelegten Dokumentation, Erstellung eines Abnahmeprotokolls, Feststellen von Mängeln und Erteilen einer Abnahmeempfehlung		
l)	Antrag auf behördliche Abnahmen und Teilnahme daran		
m)	Prüfung der übergebenen Revisionsunterlagen auf Vollzähligkeit, Vollständigkeit und stichprobenartige Prüfung auf Übereinstimmung mit dem Stand der Ausführung		
n)	Auflisten der Verjährungsfristen der Ansprüche auf Mängelbeseitigung		
o)	Überwachen der Beseitigung der bei der Abnahme festgestellten Mängel		
p)	Systematische Zusammenstellung der Dokumentation, der zeichnerischen Darstellungen und rechnerischen Ergebnisse des Objekts		

Lph Leistungsbeschreibungen der Grundleistungen nach HOAI		**BIM-Leistungen und Modelldetaillierungsgrad (MDG)**
Modelldetaillierungsgrad MDG 400, Werk- und Montageplanung der ausführenden Firma (ähnlich LOD 400)		Die als 3-D-Datenmodell oder Teilmodelle ausgeführte Werk- und Montageplanung der mit der Bauausführung beauftragten Firmen entspricht MDG 400. Hierbei werden die Modellelemente präzise und spezifisch als Bauteile bzw. Bauteilgruppen modelliert, mit präzisen Angaben über Abmessungen, Form, Lage und Ortsbezug, Mengen, Fertigungs-, Einbau- und weiteren Detailinformationen, z.B. Produktbezeichnung. Die Modellelemente können weitere nicht geometrische Informationen über Eigenschaften der Elemente enthalten.
Modelldetaillierungsgrad MDG 500, Dokumentation der ausführenden Firma oder As-built-Modell als Besondere Leistung (ähnlich LOD 500)		Das BIM-As-built-Modell enthält die verifizierte Darstellung des tatsächlich vorhandenen Objekts. Die Modellelemente sind in der realisierten Fassung modelliert, mit tatsächlichen Abmessungen, Formen, Lage und Ortsbezügen sowie mit weiteren Detailinformationen. Die Eigenschaften sind produktspezifisch auszuführen. Die Modellelemente können weitere nicht geometrische Informationen über Eigenschaften der Elemente enthalten. Diese Leistung kann auch als Besondere Leistung dem Fachplaner übertragen werden, der die nicht BIM-basierten Dokumentationen und Revisionsunterlagen der mit der Bauausführung beauftragten Firmen in das As-built-Modell überträgt.
Ergebnis des modellbasierten Arbeitens Lph 8 (ggf. einschl. Besonderer Leistungen)		Integrierte, qualitätsgesicherte und bereinigte Datengrundlagen MDG 300 unter Berücksichtigung der gewerkeorientierten Bearbeitung sowie die Modelle MDG 400 als Werk- und Montageplanung und MDG 500 als Dokumentation der ausführenden Firma oder als BIM-As-built-Modell.
9 Objektbetreuung	**1 %**	**BIM-Leistungen (Konstruktion und Integration)**
a) Fachliche Bewertung der innerhalb der Verjährungsfristen für Gewährleistungsansprüche festgestellten Mängel, längstens jedoch bis zum Ablauf von fünf Jahren seit Abnahme der Leistung, einschließlich notwendiger Begehungen b) Objektbegehung zur Mängelfeststellung vor Ablauf der Verjährungsfristen für Mängelansprüche gegenüber den ausführenden Unternehmen c) Mitwirken bei der Freigabe von Sicherheitsleistungen		Keine weitere Durcharbeitung des 3-D-Datenmodells in Geometrie und Eigenschaften über MDG 500 hinaus. **Besondere Leistungen:** **Ergänzung des BIM-As-built-Modells um Informationen zur Gewährleistungsverfolgung** Bewertung: 2,0 bis 3,0 v.H. **Erstellung eines CAFM-Modells des BIM-Anwendungsfalls 6-D einschl. Bereitstellen der Datengrundlagen** Bewertung: Pauschal oder nach Aufwand **Ergänzen des CAFM-Modells um betreiberspezifische nicht geometrische Informationen** Bewertung: Pauschal oder nach Aufwand

Lph Leistungsbeschreibungen der Grundleistungen nach HOAI		BIM-Leistungen und Modelldetaillierungsgrad (MDG)
Modelldetaillierungsgrad MDG 510 (keine Entsprechung bei LOD)		Das 3-D-Datenmodell entspricht MDG 500. Es kann für die in der Lph erforderlichen Datenermittlungen, z.B. Gewährleistungsverfolgung, verwendet und um weitere, nicht geometrische Informationen ergänzt werden. Nach Ablauf der Gewährleistungsfristen stellt es den Kern der digitalen Dokumentation der Baumaßnahme (Baudokumentation) dar.
Modelldetaillierungsgrad MDG 600 (keine Entsprechung bei LOD) als Besondere Leistung		Das CAFM-Modell ist auf die Übergabe und Nutzung im Gebäudebetrieb während der Betriebsphase ausgerichtet (Bestandsdokumentation). Basierend auf dem 3-D-Datenmodell MDG 500 können nicht geometrische Informationen für den Gebäudebetrieb hinzugefügt werden. Komplexe Geometrien und Informationen mit ausschließlicher Planungs- und Baurelevanz sollten entfernt bzw. bereinigt werden, um einen „schlanken" Betrieb zu ermöglichen und die Pflege des Modells zu vereinfachen. Im CAFM-Modell werden z.B. die Anforderungen der digitalen Gebäudebestandsdokumentation an Hochbau und Technische Ausrüstung umgesetzt.

6. Fazit

Die Arbeit am Heft zu BIM ist mit den bisherigen Kapiteln nicht abgeschlossen. Die Autoren haben in einem ersten Schritt nicht die zukünftigen Möglichkeiten der BIM-Methode vorweggenommen, sondern, wie auch mit dem Stufenplan des BMVI begonnen, Raum für die BIM-Entwicklung unter Berücksichtigung der aktuellen HOAI 2013 gegeben.

Eine wichtige Erkenntnis beim Zusammentragen der Fakten war es, den Prozess in den Leistungsbildern der HOAI als methodenfrei zu verstehen und anzuwenden. Der Übergang zur Digitalisierung der Planungsabwicklung erfordert eine noch präzisere Zuordnung von Rollen und Rechten sowie die zentrale Bereitstellung aller notwendigen Informationen.

Der Bauherr ist verpflichtet, durch ein klares Management in der Projektvorbereitung seine Ziele, Grundlagen und Informationsanforderungen vor dem eigentlichen Planungsbeginn in den Auftraggeber-Informationsanforderungen (AIA) bekannt zu geben.

Das Planungsteam verpflichtet sich zu Beginn der Planungsarbeit auf Basis des BIM-Ausführungsplans (BAP), die Vorgaben der AIA zu erfüllen. Bei neuen Erkenntnissen während der planerischen Entwicklung des Projekts werden die AIA und der BAP im gegenseitigen Einvernehmen ergänzt.

Vorgezogene Leistungen kann es nicht geben, da für ihre Erbringung der entsprechende Detaillierungsgrad fehlt. Eine vertiefte Kostenschätzung kann ohne Planung entsprechender Schärfe nicht erstellt werden, die Ausführungsplanung kann ohne den Entwicklungsschritt Entwurfsplanung nur unter Verwendung standardisierter Elemente ohne projekt- und aufgabenbezogene Details erbracht werden. Jede Planungsleistung gehört zu einer Leistungsphase und ist einer der dort zu bearbeitenden Leistungen zuzuordnen und entsprechend zu vergüten. Die auf der Grundlage der HOAI abzuschließenden Verträge sind entsprechend zu formulieren. Dies gilt auch für Besondere Leistungen.

Es wird empfohlen, die Leistungsbilder zusammenhängend zu beauftragen. Die Trennung der Leistungen führt zu Effizienzverlusten und Aufwand für zusätzliche Einarbeitung. Bestimmte Potenziale von BIM, bspw. frühzeitige energetische Optimierungen, detaillierte Kostenermittlungen in frühen Planungsphasen usw., können nur über Besondere Leistungen oder mehrfach zu erbringende Grundleistungen (Wiederholungsleistungen) ausgeschöpft werden. Diese Leistungen müssen zusätzlich zum Grundleistungshonorar vergütet werden.

Weitere mögliche Besondere Leistungen sind in bereits erschienenen Heften der AHO-Schriftenreihe beschrieben. Sie bleiben auch weiterhin gültig. Im vorliegenden Heft sind beispielhaft weitere Besondere Leistungen aufgeführt, wie sie bei der Anwendung der BIM-Methode entstehen können. Die Aufzählung ist nicht vollständig und nicht abschließend.

6.1 Nächste Schritte

Das Heft zu BIM wurde parallel zu den in Arbeit befindlichen Richtlinien und Normen zu BIM verfasst. Nach Einführung dieser Vorschriften und den sich aus ihrer Anwendung ergebenden Erkenntnissen wird das vorliegende Heft angepasst werden müssen. Die zeitnahe Weiterarbeit an einer Neuauflage ist vorgesehen.

Wesentliche Ergänzungen werden neben den erforderlichen Anpassungen auch soweit möglich Vergütungsvorschläge sein, die für wiederkehrende BIM-bezogene Besondere Leistungen angewendet werden können. Bisher erschienene Hefte der AHO-Schriftenreihe mit dem Thema Besondere Leistungen werden ggf. an dieses Grundlagenheft angepasst.

Abgleiche mit weiteren Fachgebieten (analog zu Kapitel 5) als Ergänzung zu den Grundlagentexten in den Leistungsphasen der HOAI-Paragrafen sind geplant.

6.2 Ausblick

In naher Zukunft wird die BIM-Methode bei allen an der Wertschöpfungskette „Bau" Beteiligten angekommen sein. Man wird dann voraussichtlich über die Digitalisierung der gesamten Kette sprechen: Bauen 4.0 (analog zu Industrie 4.0).

Vermutlich werden sich bei Ausschöpfung der möglichen Beauftragungsvarianten auch Änderungen des HOAI-Prozesses ergeben. Zwei Entwicklungen sind schon jetzt erkennbar:

- Die Erfahrung mit den Modellierungswerkzeugen, eine Standardisierung der BIM-Methode und verbesserte Software können dazu führen, dass es zu einer Zusammenfassung von Leistungsphasen kommt (analog zur Entwicklung in Nachbarländern).
- Bisher als Besondere Leistung identifizierbare Tätigkeiten könnten entsprechende Grundleistungen ersetzen.

Die Fortschreibung der HOAI sollte sich den Entwicklungen nicht verschließen, sondern intelligent angepasst werden, damit sie als Prozessvorbild und Preisrecht zum Schutz unserer KMU-geprägten Planungsstruktur erhalten werden kann.

7. Glossar

Anmerkung: Das Glossar enthält insbesondere Erläuterungen zu den Begriffen mit Bezug zu BIM, die in den vorstehenden Kapiteln noch nicht beschrieben wurden. Sofern nähere Ausführungen in diesem Heft enthalten sind, bietet das Glossar eine Übersicht und zusammengefasste Begriffsdefinitionen.

Abkürzung/Begriff	**Erläuterung**
3-D-BIM	Hiermit wird eine 3-D-Gebäudemodellbearbeitung unter Anwendung BIM-fähiger CAD-Programme als Verfahren zur digitalen Erzeugung einer mathematischen Darstellung beliebiger physischer Objekte (Geometrie von Bauteilen wie Wand, Stütze, Decke) in drei Dimensionen und deren Verknüpfung mit Eigenschaftsdatensätzen beschrieben. Das Produkt wird als 3-D-Modell bezeichnet.
3-D-Laserscanning	Das terrestrische 3-D-Laserscanning ist ein dreidimensionales Aufnahmeverfahren, bei dem Oberflächenstrukturen mittels der Impulslaufzeit eines Laserstrahls berechnet werden. Dabei entsteht eine definierte Menge von Abtastpunkten, die als digitale Punktwolke bezeichnet wird, mit ihren zugehörigen Koordinaten. Moderne Messsysteme erreichen eine Punktgenauigkeit von bis zu einem Millimeter.
4-D-BIM	Das Anreichern der Modelldaten für spezielle Anwendungsfälle wird in Dimensionen beschrieben, die nicht zwingend aufeinander aufbauen, sondern zweckbestimmte Ableitungen aus dem Grundmodell darstellen. Der Anwendungsfall 4-D-BIM bezeichnet die Anreicherung des objektorientierten 3-D-Datenmodells über Bauteileigenschaften hinaus mit bauablaufbezogenen Termininformationen zum Zweck der Bauablaufsimulation in darauf spezialisierten Softwaresystemen.
5-D-BIM	Der Anwendungsfall 5-D-BIM bezeichnet die Anreicherung des objektorientierten 3-D-Datenmodells über Bauteileigenschaften hinaus mit Kosten- und Leistungsdaten zum Zweck der Ausschreibung, Vergabe (zur Erstellung von Leistungsverzeichnissen, für grafische Kalkulationen und Mengenermittlungen) und modellbasierten Abrechnung in darauf spezialisierten AVA-Programmen.
6-D-BIM	Der Anwendungsfall 6-D-BIM bezeichnet die Ableitung eines CAFM-Modells aus dem BIM-As-built-Modell, mit einem auf die Gebäudebewirtschaftung ausgerichteten Datenumfang, der über den Lebenszyklus des Bauwerks bis hin zu Abriss und Entsorgung geführt wird. Die Datenpflege erfolgt im Gebäudebetrieb in darauf spezialisierten CAFM-Systemen.

Abkürzung/Begriff	Erläuterung
7-D-BIM	Der Anwendungsfall 7-D-BIM bezeichnet die Anreicherung des CAFM-Modells mit weiteren Daten der Gebäudenutzung, der Wartung technischer Anlagen, der Instandhaltung/FM und deren Pflege über den Lebenszyklus des Bauwerks.
AIA – Auftraggeber-Informationsanforderungen	Die AIA beschreiben Ziele für die Daten- und Informationslieferungen bei modellbasierten, digitalen und interdisziplinären Planungsmethoden (BIM) und sind als BIM-Lastenheft Grundlage für den daraus zu entwickelnden BIM-Abwicklungsplan (BAP) bzw. das mit den Planern zu vereinbarende BIM-Pflichtenheft. Die AIA enthalten auftraggeberspezifische Vorgaben zur Anwendung von BIM, so u.a. das BIM-Verständnis des Auftraggebers, mögliche BIM-Leistungsbilder, Anwendungsfälle, Standardprozesse/Organisationsvorgaben (welche Daten sind wann in welcher Detailtiefe, in welchem Format zu liefern), Verantwortungen/Rollen und ggf. standardisierte Vertragstexte für die BIM-Beteiligten, technische Rahmenbedingungen und ggf. erforderliche Qualifikationen. Die AIA können auch eine Beschreibung der BIM-Implementierung in den Projekten des Auftraggebers sowie das Vorgehen zur Zusammenstellung eines kompetenten BIM-Teams im Wettbewerb enthalten.
Attribut	Eigenschaftsdatensatz bzw. einem Objekt zugeordnetes konkretes Merkmal in Programmiersprachen oder Datenbanken. Ein Objekt wird somit durch die Gesamtheit seiner Attribute eindeutig bestimmt.
BAP – BIM-Ablaufplan/-Abwicklungsplan	Der BIM-Ablauf-/Abwicklungsplan (BIM Execution Plan) ist ein Dokument, dass die Grundlage einer BIM-basierten Zusammenarbeit festlegt. Er legt die Ziele, die organisatorischen Strukturen und die Verantwortlichkeiten fest, stellt den Rahmen für die BIM-Leistungen und definiert die Prozesse und Austauschanforderungen der einzelnen Beteiligten, die Aufgabenzuordnung entsprechend der konkreten Projektorganisation (welche Vertragskonstellationen, welche Projektbeteiligten beim Auftragnehmer, welche Eigenleistung Auftraggeber). Durch Analyse der Rahmenbedingungen und Kompetenzabfrage bei den Projektbeteiligten werden die AIA vom BIM-Lastenheft zum BIM-Abwicklungsplan als Pflichtenheft projektspezifisch konfiguriert und Vertragsbestandteil zwischen Bauherrn und Projektteilnehmern sowie Ergänzung des Projektorganisationshandbuchs.

Abkürzung/Begriff	Erläuterung
BCF – BIM Collaboration Format	Das Open BIM Collaboration Format ist eine Datenschnittstelle, basierend auf dem IFC-Format, zum vereinfachten Austausch von Informationen zwischen verschiedenen Softwareprodukten, zur modellbasierten Kommunikation zwischen verschiedenen Anwendern. Modellierte Bauteile von beteiligten Planern können als Referenz in das eigene Modell eingefügt und ggf. übernommen werden.
Big BIM	Nach der Art der Softwareanwendung und des Datenaustauschs werden verschiedene Anwendungsszenarien unterschieden. Big BIM bezeichnet die büroübergreifende Bereitstellung von Modelldaten und interdisziplinäre Datennutzung über den Lebenszyklus eines Bauwerks.
BIM – Building Information Modeling	Building Information Modeling bezeichnet eine kooperative Arbeitsmethode des Modellierens von Bauwerksinformationen auf der Grundlage von Objekt- und Fachplanungsmodellen eines Bauwerks, die in verschiedenen Detaillierungsstufen in Geometrie und Eigenschaften entwickelt, in einer transparenten Kommunikation über eine gemeinsame Datenumgebung zwischen den Beteiligten ausgetauscht und für die weitere Bearbeitung übergeben werden.
BIM-As-built	Das Bestandsmodell ist eine verifizierte Darstellung des tatsächlich vorhandenen Objekts als As-built-Modell. Die Modellelemente sind in der realisierten Fassung modelliert, mit tatsächlichen und präzisen Abmessungen, wesentlichen Formen, Lage und Ortsbezügen sowie mit weiteren Detailinformationen. Die Modellelemente können ebenfalls weitere nicht geometrische Informationen über Eigenschaften der Elemente enthalten. Im Bestandsmodell werden die fachspezifischen Bauwerks-/Teilmodelle Hochbau und Technische Ausrüstung (TA) zu einem Gesamtbauwerksmodell für die Objektdokumentation zusammengeführt. Die Fachmodelle werden sowohl einzeln als auch im Gesamtbauwerksmodell für die Objektdokumentation dem Auftraggeber übergeben.

Abkürzung/Begriff	Erläuterung
BIM-Autor	Der BIM-Autor ist ein Projektmitglied auf Auftragnehmerseite, der das Datenmodell eines Bauwerks in Abstimmung mit den BIM-Koordinatoren bearbeitet. Er ist zuständig für die Einhaltung der Modellierungs-und Attribuierungsfestlegungen im BAP und erstellt verantwortlich die 3-D-Modelle seiner Fachdisziplin. Er ergänzt im Rahmen der BIM-Prozesse das Datenmodell um die Informationen aus den unterschiedlichen Fachdisziplinen entsprechend der vertraglich vereinbarten Qualität, unter Berücksichtigung von BIM-Standards der AIA und des BAP.
BIM-Konstruktion und -Integration	Zur BIM-Konstruktion gehören alle Leistungen zur Erstellung der Fachmodelle in BIM-fähiger Software. Die BIM-Integration beinhaltet das Fortschreiben der Fachmodelle, unter Integration der Ergebnisse der weiteren Fachplanungen. Dabei arbeitet jede Fachdisziplin in ihrem Fachmodell mit eigener BIM-fähiger Software.
BIM-Koordination	Die BIM-Koordination beinhaltet das Zusammenführen verschiedener Fachmodelle zu definierten Zeitpunkten in einem BIM-Koordinationsmodell, in separater Software (Modell-Checker). Dazu gehören alle Fachdisziplinen übergreifenden organisatorischen (u.a. Sicherstellen der technischen Rahmenbedingungen und des IFC-Datenaustauschs, der termingerechten Lieferung der Fachmodelle) und qualitätssichernden (Konsistenz- und Kollisionsprüfungen) Maßnahmen.
BIM-Koordinationsmodell	Das BIM-Koordinationsmodell als zentrales Koordinierungs- und Prüfwerkzeug ist ein Gesamtbauwerksmodell, das für die Koordination temporär aus Fachmodellen zusammengestellt wird. Es dient der Koordinierung der beteiligten Gewerke und insbesondere der Kollisionsprüfung, z.B. der Fachmodelle Architektur-Technische Ausrüstung (TA), TA-Tragwerksplanung (TWP), Architektur-TWP, auch zur Koordination der TA-Gewerke (TA KG 410-420-430) untereinander.

Abkürzung/Begriff	**Erläuterung**
BIM-Koordinator	Der BIM-Koordinator ist als Projektmitglied auf Auftragnehmerseite für die Einhaltung der BIM-Ziele entsprechend den AIA und des BAP für sein zu betreuendes Fachgebiet verantwortlich. Er definiert und koordiniert Aufgaben und Zuständigkeiten auf Grundlage der im BAP hinterlegten BIM-Prozesse bzw. BIM-Anwendungen und stimmt sich mit den Koordinatoren der anderen Fachplaner ab. Er überwacht die BIM-Autoren der eigenen Fachrichtung bei der Erarbeitung des Datenmodells und leitet die Freigaben durch den BIM-Manager in projektspezifischen Intervallen (gemäß BAP) ein. Er sichert damit die vertraglich vereinbarte Qualität des Datenmodells und den fehlerfreien Datenaustausch.
BIM-Management	Das BIM-Management ist die zentrale Funktion für die strategische und projektbegleitende Steuerung der BIM-Prozesse sowie die Erfüllung der BIM-Ziele. Der BIM-Manager ist die hierfür verantwortliche Person. BIM-Management beinhaltet übergeordnete Aufgaben der Organisation und Administration eines BIM-Prozesses, u.a. die Abstimmung bzw. Beratung des Auftraggebers bei Erstellung der AIA, bei Abstimmung und Beauftragung der BAP und entsprechender Vertragsgestaltung.
BIM-Manager	Der BIM-Manager ist ein Projektmitglied auf Auftraggeberseite, der im Zuge des Projektmanagementprozesses die Auftraggeber-Informationsanforderungen (AIA) zusammenstellt sowie die BIM-Ziele und BIM-Anwendungen definiert. Er ist für die organisatorischen Aufgaben zur Definition, Umsetzung, Einhaltung und Dokumentation der BIM-Prozesse zuständig. Als Ansprechpartner des Auftraggebers ist er in allen digitalen Belangen und für das CDE (Common Data Environment) verantwortlich. Auf operativer Ebene stimmt der BIM-Manager die Aufgaben und Prozesse mit den BIM-Koordinatoren der Auftragnehmerseite ab.
BIM-Nutzer	Der BIM-Nutzer ist ein Projektmitglied auf Auftraggeberseite. Er nutzt das Datenmodell ausschließlich zur Informationsgewinnung und fügt dem Modell während der Projektrealisierung keine Daten oder Informationen hinzu.

Abkürzung/Begriff	Erläuterung
BPMN – Business Process Model and Notation	Mit dieser Geschäftsprozessmodell-Notation werden grafische Spezifikationen in Form von Symbolen für das Prozessmanagement zur Verfügung gestellt, mit denen Geschäftsprozesse und Arbeitsabläufe modelliert und dokumentiert werden können.
bs – buildingSMART e.V.	Ein unabhängig agierender Verein, der offene Schnittstellen fördert und damit die Open-BIM-Methode umsetzt. Er steht für hohe Qualität bei der Festlegung von Standards und Lösungen, nicht nur bei technischen Lösungen, sondern auch mit Blick auf Anwender und ihre Prozesse.
bsDD – buildingSMART-Data Dictionary	Das bSDD ist eine Referenzierungsdatenbank zur Unterstützung der Interoperabilität im Bauwesen. Sie ist eine flexible und zuverlässige Methode zur Verknüpfung von Begriffen und Ausdrücken, deren Abhängigkeiten und Definitionen (Datentyp, Einheiten, Wertebereiche usw.) über verschiedene Sprachen hinweg und dient als Erweiterung und Namensraum für das IFC-Datenmodell.
CAD – Computer Aided Design	Das computergestützte Konstruieren ist ein Verfahren zur Erstellung technischer Planungen anhand eines Computerprogramms. 2-D-CAD-Systeme dienen dem vektororientierten Zeichnen, vergleichbar mit einem digitalisierten Zeichenbrett. Werkzeuge helfen bei der Bearbeitung von Zeichnungselementen wie Punkten, Linien, Linienzügen und Kreisbögen. 3-D-CAD-Systemen arbeiten hingegen mit Vektoren, welche in drei Konstruktionsachsen liegen und damit ein Volumenmodell erzeugen können. Eine Weiterentwicklung stellen objektorientierte 3-D-CAD-Systeme dar. Diese arbeiten anstelle von Vektoren mit CAD-Objekten, Grundlage für BIM.
CAFM-Modell	Das BIM-CAFM-Modell basiert auf dem Dokumentationsmodell BIM-As-built und enthält geometrische und alphanumerische Fachmodelldaten, die dem tatsächlich Gebauten entsprechen. Der Umfang der geometrischen und der beschreibenden nicht geometrischen Daten orientiert sich an der Nutzung für den Gebäudebetrieb.

Abkürzung/Begriff	Erläuterung
CDE – Common Data Environment	Diese gemeinsame Datenumgebung ist eine BIM-geeignete Projektplattform (virtueller Projektraum, webbasiert) für den Informationsaustausch in Bau- und Ingenieurprojekten, insbesondere für den Austausch von BIM-Daten (Modell-Dateien) aber auch konventionellen Dateien oder Nachrichten (Dokumente, z.B. Pläne, Berichte, Protokolle, Fotos, Verträge; mit den zugehörigen Metadaten) in verschiedensten Austauschformaten, zum Zweck der unternehmensübergreifenden Zusammenarbeit in Projekten.
Closed BIM	Nach der Art der Softwareanwendung und des Datenaustauschs werden verschiedene Anwendungsszenarien unterschieden. Der Ansatz eines geschlossenen, nicht offenen Informationsaustauschs wird als Closed BIM bezeichnet. Dies setzt bei den Planungs-/Projektbeteiligten die Anwendung von Softwaresystemen der gleichen Produktfamilie voraus, mit denen dann der Datenaustausch in proprietären bzw. nativen Datenformaten oder über speziell für den Datenaustausch zwischen zwei Systemen entwickelte (i.d.R. nicht offen dokumentierte) Schnittstellen erfolgen kann. Dem Vorteil, ohne Datenverluste zu arbeiten, steht der Nachteil gegenüber, dass der Wettbewerb bei Auswahl der Planungsbeteiligten eingeschränkt und die Abhängigkeit von einer Softwarelösung erhöht wird.
DWG-/DXF-Format	Das Dateiformat DWG (Drawing) der Firma Autodesk (AutoCAD) dient zum Abspeichern von Vektordaten. Das Dateiformat DXF Drawing Interchange File Format von Autodesk dient dem CAD-Datenaustausch und ist ein offen dokumentiertes Dateiformat zur Übergabe von vektorisierten Daten. Das DXF-Format wird von den meisten CAD-Programmen unterstützt, es hat sich deshalb als „Quasi-Standard" im Bereich von CAD-Zeichnungen etabliert. Zugleich stellt es aber den kleinsten gemeinsamen Nenner vieler Vektorgrafikprogramme dar. Objektdefinitionen wie z.B. „Wand" gehen beim Datenaustausch jedoch verloren.
Fachmodell	Fachmodelle werden durch die Objekt- und Fachplaner in den Leistungsphasen des BIM-Planungsprozesses erzeugt. Ein Fachmodell besteht aus Modellelementen, die in einer BIM-fähigen Software erstellt werden. Dazu sind die entsprechenden Modellierungswerkzeuge zu nutzen.

Abkürzung/Begriff	Erläuterung
IDM – Information Delivery Manual /Beschreibung der Datenmodell-Arbeitsprozesse	Die Anforderungen zum Datenaustausch werden allgemein in den IDM-Beschreibungen zusammengefasst, welche grundlegend den Umfang und die Spezifikationen der Informationen beschreiben, die eine bestimmte Rolle/ein Anwender zu einem bestimmten Zeitpunkt bzw. Arbeitsprozess in einem BIM-Projekt zur Verfügung stellen muss.
IFC – Industry Foundation Classes	IFC ist ein unabhängiger Standard zur Beschreibung von Gebäudemodellen verschiedener CAD-Systeme. buildingSMART International entwickelt und etabliert IFC als offenen Standard für das Bauwesen, der seit dem Release IFC4 ein offizieller ISO-Standard ist – ISO 16739:2013. Als herstellerneutrales und internationales Schnittstellenformat für den modellbasierten Daten- und Informationsaustausch in allen Planung-, Ausführungs- und Bewirtschaftungsphasen überträgt das IFC-Format die Geometrie der Bauelemente und deren zugehörige Eigenschaftsdatensätze (Attribute). Somit dient die IFC-Datei in erster Linie als Referenz-/Vorlagenformat und ist vorrangig ein „Ausleseformat", um die verschiedenen Fachmodelldaten zur Koordination, für Qualitätssicherungen/Kollisionsprüfungen/Flächen- und Mengenermittlungen in einem Modell-Checker zusammenzuführen (hierin ist keine Weiterbearbeitung möglich) oder die Modelldaten in alternative CAD-Systeme bzw. Produktfamilien als Vorlage-/Referenzmodell einzulesen. Das Wiedereinlesen von IFC-Daten in alternative CAD-Systeme bzw. Produktfamilien zum Zweck der Weiterbearbeitung funktioniert nur eingeschränkt. Die IFC-Schnittstelle gewährleistet insofern keinen 1:1-Datenaustauch. Der Datenaustausch mit IFC zwischen verschiedenen BIM-fähigen CAD-Systemen bzw. Produktfamilien ist von verschiedenen Faktoren abhängig: • von der Art und Weise der Modellerstellung (Bauwerksstrukturen, Einhaltung von Modellierungsvorgaben); • vom Umgang mit der Verwendung intelligenter Objekte (Treppenkonstruktion, Dachkonstruktion, Fassadenmodellierung usw.); • von der Art und Weise des Exports/Imports (Einstellungen für den Datenexport/Datenimport).

Abkürzung/Begriff	Erläuterung
Kollisionsprüfung	Verfahren zur programmgestützten Prüfung von virtuellen Überschneidungen von Modellelementen eines oder mehrerer Fachmodelle. Das Verfahren basiert auf der Zusammenarbeit der beteiligten Projektpartner und beinhaltet auch die Fortschreibung und Dokumentation der Kollisionen.
Little BIM	Nach der Art der Softwareanwendung und des Datenaustauschs werden verschiedene Anwendungsszenarien unterschieden. Die auf ein Planungsbüro bzw. eine Fachdisziplin beschränkte Erstellung eines Bauwerksinformationsmodells in einer BIM-fähigen Software für bürointerne Auswertungen, ohne Bereitstellung des Modells für andere Fachanwendungen, wird als Insellösung bzw. Little BIM bezeichnet.
LOD, LOI, COI – LOD (Level of Development oder Level of Detail) und LOI bzw. COI (Level of Information, Content of Information)	Diese Level bezeichnen Fertigstellungs- bzw. Reifegrade von Modellen, deren Verdichtung im Planungs-und Bauausführungs- bzw. deren Weiterentwicklung im Betriebsprozess in Geometrie und Eigenschaftsdatensätzen. Sie ersetzen die bisher üblichen, maßstabsbezogenen Beschreibungen der 2-D-orientierten Planungsdokumente und deren Inhalte. Gemäß Vorgabe des American Institute of Architects (AIA) werden fünf Stufen – LOD 100 bis LOD 500 – unterschieden. Bezogen auf das Architekturmodell sind dies • die Vorentwurfsplanung LOD 100, • die Entwurfsplanung LOD 200, • die Genehmigungsplanung LOD 300, • die Ausführungsplanung als LOD 400 und • die Objektdokumentation/BIM-As-built als LOD 500. Dabei ist zu beachten, dass u.U. die Fachmodelle anderer Fachplaner in selbiger Lph einen anderen, geringeren Fertigstellungsgrad aufweisen müssen (z.B. Architektur LOD 300, Fachplaner TA erst LOD 200).

Abkürzung/Begriff	Erläuterung
Modell-Checker	Modell-Checker dienen Modellkonsistenz- und Kollisionsprüfungen auch innerhalb der Fachdisziplinen. Im Modell-Checker werden die Objekt- und Fachplanungsmodelle zusammengeführt und miteinander abgeglichen. Modell-Checker ermöglichen verschiedene Auswertungen, Flächen- und Mengenermittlungen, jedoch keine Weiterbearbeitung. BIM-Koordinationsmodelle können als Modell-Checker-spezifische Datei mitsamt Prüfergebnissen gespeichert werden. Zur automatisierten Modellprüfung können Prüfregeln definiert und konfiguriert werden.
Modelldetaillierungsgrad	Da die aus LOD/COI-Abstufungen entwickelten Fertigstellungsgrade der Modelle nicht exakt mit den Leistungsphasen der HOAI übereinstimmen, werden die Abstufungen weiter unterteilt. Bei der Verwendung der englischen Abkürzungen kommt es häufig zu Verwechslungen. Deshalb wird in diesem Heft der Begriff „Modelldetaillierungsgrad (MDG)" verwendet. Der MDG setzt sich aus einem geometrischen und einem alphanumerischen Informationsgrad zusammen und wird in Anlehnung an die Leistungsphasen der HOAI in zwei Schrittweiten verwendet: Die 100er-Schritte beschreiben die geometrische und alphanumerische Entwicklung der Fachmodelle. Zusätzliche 10er-Schritte bezeichnen die Anreicherung der definierten Geometrie mit weiteren alphanumerischen Informationen zur Erfüllung der Planungsleistungen der HOAI. Dabei bestimmt das Leistungsbild der HOAI den Modelldetaillierungsgrad, nicht umgekehrt. Unterschieden werden: • MDG 010 Grundlagenermittlung • MDG 100 Vorplanung • MDG 200 Entwurfsplanung • MDG 210 Genehmigungsplanung • MDG 300 Ausführungsplanung • MDG 310 Vorbereitung der Vergabe • MDG 320 Mitwirkung bei der Vergabe • MDG 400 Werk- und Montageplanung • MDG 500 Bestandsmodell BIM-As-built • MDG 510 Objektbetreuung • MDG 600 Betrieb (CAFM-Modell)

Abkürzung/Begriff	**Erläuterung**
Modellelement	Der Begriff Modellelement bezeichnet die einzelnen Bauteile im digitalen Bauwerksmodell, wie Wände, Stützen, Türen als digitales Bauelement. Der BAP enthält i.d.R. eine Übersicht der anzuwendenden Modellelemente für die einzelnen Fachdisziplinen.
Modell-Viewer	Software zur Betrachtung und teilweise auch Auswertung von Bauwerksmodellen, ohne die Funktionalität zu besitzen, diese zu ändern.
MVD – Model View Definition/Modell-Ansichtsdefinition	Die Modell-Ansichtsdefinitionen (MVD) definieren die Teilmengen des IFC-Datenmodells, die notwendig sind, um die spezifischen Datenaustauschanforderungen im Bauwesen während Planung und Umsetzung eines Bauvorhabens zu unterstützen. Die Modell-Ansichtsdefinition stellt eine Anleitung für alle IFC-Ausdrücke (Klassen, Attribute, Beziehungen, Eigenschaftssätze, Mengendefinitionen usw.) zur Verfügung, die in einem bestimmten Anwendungsbereich verwendet werden.
Open BIM	Nach der Art der Softwareanwendung und des Datenaustauschs werden verschiedene Anwendungsszenarien unterschieden. Ziel von Open BIM ist es, trotz der Vielzahl der unterschiedlichen Softwaresysteme die Zusammenarbeit der im BIM-Prozess Beteiligten in der Planungs-, Ausführungs- und Betriebsphase eines Gebäudes auf Basis einer interdisziplinären Datennutzung zu organisieren. Die Verwendung offener Schnittstellenformate ermöglicht es den Projektbeteiligten, sich mit ihren eigenen Werkzeugen und Programmen am BIM-Prozess zu beteiligen.
Parametrisches Gebäudemodell	In einem parametrischen Gebäudemodell werden mithilfe von Parametern grafische Komponenten gesteuert. Die CAD-Objekte bzw. einzelnen Bauteile stehen in Relation zueinander und beeinflussen sich gegenseitig. So ist eine Wand z.B. mit dem Boden, auf dem sie steht, und mit der Decke, an welche sie anschließt, verknüpft. Wird die Höhe der Wand verändert, so verschiebt sich auch die Decke. Dies ermöglicht eine einfachere Bearbeitung des Modells, insbesondere beim Einpflegen von Änderungen.

Abkürzung/Begriff	**Erläuterung**
PKMS – Virtueller Projektraum/Projekt-Kommunikations-Management-System	PKMS sind i.d.R. webbasierte Anwendungen bzw. Cloud-Lösungen für das Projektmanagement und für die unternehmensübergreifende Zusammenarbeit in Projekten (Cross-Enterprise-Collaboration), zur Projektkommunikation und -dokumentation, für den Datenaustausch und das projektbezogene Informationsmanagement. PKMS dienen in verschiedenen Funktionsbereichen der Verwaltung und Steuerung unterschiedlicher projektrelevanter Dokumente und Prozesse, dazu gehören z.B. der Nachrichtenversand, das Dokumentenmanagement, das Vertragsmanagement, das Planmanagement, das Protokoll- und Berichtswesen, die Fotodokumentation, die Adressen-/Teilnehmerverwaltung sowie projektspezifische Prozesse (Mängelmanagement, Rechnungsprüfung oder auch BIM-Datenaustausch und -Prozesse).
Referenzmodell	Das Modell Objektplanung Gebäude/Architektur ist führender Informationsträger. In dieses werden die Ergebnisse der Fachplanungen Tragwerksplanung und Technische Anlagen integriert, ohne alle Modelldaten in ein Modell (Datenbank) zusammenzuführen.
Reifegrad	Der geforderte Reifegrad bzw. Fertigstellungsgrad des Bauwerksmodells ist abhängig von der Leistungsphase und der Fachdisziplin. Inhaltlich muss der Fertigstellungsgrad den fachlich notwendigen Planungsinformationen und der beauftragten Planungsleistung der jeweiligen Leistungsphase HOAI entsprechen. Der Fertigstellungsgrad beschreibt auch, wie belastbar die Informationen eines Bauwerksmodells für eine bestimmte Auswertung sind. In Anlehnung an die aus den USA stammenden Beschreibungen zu den Reifegraden der Modelle kursieren eine Reihe von Bezeichnungen. Die Abgrenzung zwischen den Stufen (z.B. LOD 100, 200, 300 usw.) der Reifegrade ist in Europa nicht eindeutig geregelt. Grundsätzlich wird man zwischen zwei Arten im Modell-„Reifungsprozess" unterscheiden: • Entwicklung der geometrischen Detaillierung • Entwicklung des Informationsgehalts (alphanumerische Daten) Dabei kann die Entwicklungsstufe der geometrischen Detaillierung von der des Informationsgehalts abweichen: z.B. LOD/LOI 300/200.

Ausschuss der Verbände und Kammern
der Ingenieure und Architekten
für die Honorarordnung e.V.

Der AHO – Tradition und gewachsene Kompetenz

Der AHO Ausschuss der Verbände und Kammern der Ingenieure und Architekten für die Honorarordnung e.V. ist der Zusammenschluss maßgeblicher Ingenieurverbände, der Länderingenieurkammern Deutschlands und einiger Architektenkammern und -verbände. Als Fachverband wahrt und vertritt er die Honorar- und Wettbewerbsinteressen von Ingenieuren und Architekten.

Die Facharbeit des AHO wird in themenbezogen zusammengestellten Arbeitsgremien von hochqualifizierten Ingenieuren und Architekten ehrenamtlich geleistet. Im Mittelpunkt stehen die Diskussionen von Grundsatzfragen zum Honorar- und Wettbewerbsrecht, die Weiterentwicklung der bestehenden Leistungsbilder der Verordnung über die Honorare für Architekten- und Ingenieurleistungen (Honorarordnung für Architekten und Ingenieure – HOAI) sowie die Erarbeitung neuer Leistungsbilder. Beratungsergebnisse aus den einzelnen Arbeitsgremien werden in der Schriftenreihe des AHO als Praxishilfe für Auftragnehmer und Auftraggeber veröffentlicht.

Ausschuss der Verbände und Kammern
der Ingenieure und Architekten
für die Honorarordnung e.V.

Mitgliedsorganisationen im AHO

Verbände

abv Arbeitskreis Beratende Ingenieure – Vermessung – im BDB Baden-Württemberg

BAB Berufsverband freischaffender Architekten und Bauingenieure e.V.

BDB Bund Deutscher Baumeister, Architekten und Ingenieure e.V.

BDG Berufsverband Deutscher Geowissenschaftler e.V.

BDK Bundesverband Deutscher Baukoordinatoren e.V.

BDVI Bund der Öffentlich bestellten Vermessungsingenieure e.V.

BVPI Bundesvereinigung der Prüfingenieure für Bautechnik e.V.

BVS Bundesverband öffentlich bestellter und vereidigter sowie qualifizierter Sachverständiger e.V.

DVP Deutscher Verband der Projektmanager in der Bau- und Immobilienwirtschaft e.V.

IGVB Ingenieurverband Geoinformation und Vermessung Bayern e.V.

UBF Unabhängige Berater für Fassadentechnik e.V.

VBI Verband Beratender Ingenieure

VDI Verein Deutscher Ingenieure e.V.

VDV Verband Deutscher Vermessungsingenieure e.V.

VIV Verband der Ingenieurbüros für Verkehrstechnik e.V.

V.S.G.K. Verband der Sicherheits- und Gesundheitsschutzkoordinatoren Deutschlands e.V.

Kammern

Architektenkammer Baden-Württemberg

Architektenkammer der Freien Hansestadt Bremen

Architektenkammer Sachsen

Architektenkammer Thüringen

Architekten- und Ingenieurkammer Schleswig-Holstein

Architekten- und Stadtplanerkammer Hessen

Baukammer Berlin

Bayerische Architektenkammer

Bayerische Ingenieurekammer-Bau

Brandenburgische Ingenieurkammer

Hamburgische Ingenieurkammer-Bau

Ingenieurkammer Baden-Württemberg

Ingenieurkammer-Bau Nordrhein-Westfalen

Ingenieurkammer der Freien Hansestadt Bremen

Ingenieurkammer des Saarlandes

Ingenieurkammer Hessen

Ingenieurkammer Mecklenburg-Vorpommern

Ingenieurkammer Niedersachsen

Ingenieurkammer Rheinland-Pfalz

Ingenieurkammer Sachsen

Ingenieurkammer Sachsen-Anhalt

Ingenieurkammer Thüringen

Außerordentliche Mitglieder

BDIA Bund Deutscher Innenarchitekten e.V.

bdla Bund Deutscher Landschaftsarchitekten

SRL Vereinigung für Stadt-, Regional- und Landesplanung e.V.

VFA Vereinigung Freischaffender Architekten Deutschlands e.V.

Ausschuss der Verbände und Kammern
der Ingenieure und Architekten
für die Honorarordnung e.V.

Veröffentlichungen in der Schriftenreihe des AHO

Alle Hefte der AHO-Schriftenreihe verstehen sich als unverbindliche Honorierungsempfehlungen und Praxishilfen.

Die bisher erschienenen Hefte können – sofern nichts anderes angegeben ist – beim AHO direkt bezogen werden. Ihre Bestellung können Sie online unter www.aho.de/schriftenreihe oder per Fax unter (0 30) 31 01 917-11 aufgeben.

Alle Hefte werden kartoniert im Format 16,5 x 24,4 cm veröffentlicht. Alle angegebenen Preise sind Bruttopreise inkl. gesetzl. MwSt. zzgl. Versandkosten.

Nr. 1 **HOAI – Planen und Bauen im Bestand Arbeitshilfen zur Bestimmung der anrechenbaren Kosten aus mitzuverarbeitender Bausubstanz und des Zuschlags für Umbauten und Modernisierungen**
ISBN 978-3-8462-0990-5, 2., vollständig überarbeitete und erweiterte Auflage 2018, 200 Seiten, 32,80 €

Nr. 2 **Örtliche Bauüberwachung bei Ingenieurbauwerken und Verkehrsanlagen – Leistungsbild und Honorierung**
ISBN 978-3-8462-0431-3, 2014, 36 Seiten, 14,80 €

Nr. 3 **HOAI – Besondere Leistungen bei der Tragwerksplanung**
ISBN 978-3-8462-0767-3, 5. vollständig überarbeitete Auflage 2017, 72 Seiten, 16,80 €

Nr. 4 **HOAI – Besondere Leistungen bei der Planung von Objekten der Wasser- und Abfallwirtschaft nach Teil 3 Abschnitt 3, § 41 HOAI 2013**
ISBN 978-3-8462-0824-3, 3. vollständig überarbeitete Auflage 2017, 52 Seiten, 16,80 €

Nr. 5 **HOAI – Verkehrsplanerische Leistungen – Leistungsbeschreibung mit Honorarvorschlag**
ISBN 978-3-8462-0768-0, 2. vollständig überarbeitete Auflage 2018, 80 Seiten, 24,80 €

Nr. 6 **HOAI – Besondere Leistungen bei der Planung von Anlagen der Technischen Ausrüstung nach Teil 4 Abschnitt 2, Anlage 15, Nr. 15.1 HOAI 2013**
ISBN 978-3-8462-0317-0, 3. vollständig überarbeitete Auflage 2014, 64 Seiten, 14,80 €

Nr. 7 **HOAI – Besondere Leistungen bei der Planung von Ingenieurbauwerken nach Teil 3 Abschnitt 3, § 41 Nr. 6 (konstruktive Ingenieurbauwerke für Verkehrsanlagen) und Nr. 7 (sonstige Einzelbauwerke, ausgenommen Gebäude und Freileitungsmaste) HOAI 2013**
ISBN 978-3-8462-0436-8, 2. vollständig überarbeitete Auflage 2015, 52 Seiten, 14,80 €

Nr. 8 **Untersuchungen zum Leistungsbild und zur Honorierung für den Planungsbereich „Altlasten"**
ISBN 978-3-89817-914-0, 2. vollständig überarbeitete Auflage 2010, 76 Seiten, 21,80 €

Nr. 9 **Projektmanagementleistungen in der Bau- und Immobilienwirtschaft – Leistungsbild und Honorierung**
ISBN 978-3-8462-0189-3, 4. vollständig überarbeitete Auflage 2014, 228 Seiten, 36,80 €

Nr. 10 **GIS-Dienstleistungen, Teil A: Leistungsphasen nach GIS-Basissystemen**
ISBN 978-3-8462-0889-2, 2017, 32 Seiten, 16,80 €

Nr. 11 **Leistungen Building Information Modeling – Die BIM-Methode im Planungsprozess der HOAI**
ISBN 978-3-8462-1002-4, 2019, 80 Seiten, 24,80 €

Nr. 12 **HOAI – Arbeitshilfen zur Vereinbarung von Ingenieurverträgen für die Bearbeitung von Generalentwässerungsplänen (GEP)**
ISBN 978-3-8462-0437-5, 2. vollständig überarbeitete und erweiterte Auflage 2014, 64 Seiten, 14,80 €

Nr. 13 **HVA F-StB – Benutzerhinweise zur Verhandlung und Abfassung von Ingenieurverträgen (im Straßen- und Brückenbau)**
ISBN 978-3-89817-036-9, 2001, 28 Seiten, 14,80 €

Nr. 14 **HOAI – Tafelfortschreibung Erweiterte Honorartabellen (§§ 20.1, 21.1, 28.1, 29.1, 30.1, 31.1, 32.1, 35.1, 40.1, 44.1, 48.1, 52.1, 56.1, Anlage 1, Nr. 1.1 und 1.2)**
ISBN 978-3-8462-0710-9, 3. vollständig überarbeitete und erweiterte Auflage 2016, 60 Seiten, 21,80 €

Nr. 15 **Leistungen nach der Baustellenverordnung – Leistungsbild und Honorierung**
ISBN 978-3-89817-940-9, 2. vollständig überarbeitete und erweiterte Auflage 2011, 48 Seiten, 14,80 €

Nr. 16 **Untersuchungen zum Leistungsbild und zur Honorierung für das Facility Management Consulting**
ISBN 978-3-89817-841-9, 4. vollständig überarbeitete und erweiterte Auflage 2010, 128 Seiten, 28,80 €

Nr. 17 **Leistungen für Brandschutz – Leistungsbild und Honorierung**
ISBN 978-3-8462-0540-2, 3. vollständig überarbeitete Auflage 2015, 64 Seiten, 14,80 €

Nr. 18 **Planungsbereich „Baufeldfreimachung / Rückbau“ – Leistungsbild und Honorierung**
ISBN 978-3-8462-0234-0, 2. vollständig überarbeitete Auflage 2014, 64 Seiten, 14,80 €

Nr. 19 **Ergänzende Leistungsbilder im Projektmanagement für die Bau- und Immobilienwirtschaft – Leistungsbild und Honorierung**
ISBN 978-3-8462-0049-0, 2. vollständig überarbeitete Auflage 2018, 328 Seiten, 41,80 €